# 中國企業綜合報告指標體系構建研究

李妍錦 著

財經錢線

# 前　言

　　在過去40年裡，財務報告是企業滿足投資者信息需求的主要渠道之一。隨著知識經濟的興起，單純的財務報告信息已經無法完整地反應企業價值，人們把關注的焦點投向企業的報告模式，包括企業非財務信息的報告問題，對傳統財務報告模式進行改進的呼聲日益高漲。隨著企業和社會的可持續發展受到全世界的普遍關注，非財務報告已經受到國際社會的日益重視，其內容和形式也逐漸豐富，出現了諸如可持續發展報告和社會責任報告等報告形式。2000年，全球報告倡議組織（GRI）發布了第一份適用於任何規模和類型組織的可持續發展報告指南；2010年，國際標準化組織（ISO）發布了社會責任指南標準（ISO2600），該標準的誕生也在更大範圍、更高層次的意義上推動了全球社會責任運動的發展。非財務報告的發展一方面完善了企業報告的理論和實踐；另一方面，非財務信息的披露仍存在著很多亟待解決的問題，而且各種財務與非財務報告的獨立出現，使得各報告之間的內容重複、信息冗餘問題較為突出，一些關鍵信息得不到有效整合。這不僅降低了企業報告的決策有效性，而且加大了企業報告的編製成本，增加了報告使用者閱讀和理解報告的困難，反而使信息使用者容易忽視重要信息。在這樣的背景下，綜合報告應運而生。

　　企業綜合報告是整合企業各類信息，全面、系統、清晰而準確地將企業組織戰略、治理、業績和前景及企業所處的社會、環境和商業等背景傳遞給企業外部，向利益相關方溝通和闡釋企業當前以及未來如何管理、營運以及創造價值的簡要文件。換言之，綜合報告本質是企業對各類利益相關者進行綜合信息披露的媒介，旨在降低企業與利益相關方之間的信息不對稱程度，使得利益相關方與外部投資者能夠全面、系統地瞭解企業的營運狀況與未來的風險。那麼隨之而來的問題便是：企業為何需要進行綜合信息披露？企業需要披露哪些綜合信息？企業不同類型的綜合信息應如何披露？

　　綜合報告理念2010年提出，目前這一新型報告的發展還處於探索階段，對其內涵與外延，以及發布綜合報告的必要性和可行性的研究與實踐都很缺

乏。特別是在綜合報告框架構建方面，雖然國際綜合報告委員會在2011年發布了討論稿，並在2013年發布了綜合報告框架中文版，與此同時國內學者也在構建綜合報告框架方面做了理論研究，但目前仍沒有一個完整的綜合報告編製模式能夠清晰地從原則、內容、結構、指標等方面指導中國企業編製綜合報告。中國企業在報告模式上仍處於以財務信息為主、非財務信息為輔的財務報告向財務報告與非財務報告並存轉變的階段。從綜合報告的定義可以看出，它涵蓋了企業發展的各類信息，包括商業模式、戰略發展等，但目前中國大多數企業還未達到發布企業整合信息的階段，因而本書只專注研究企業綜合報告核心問題之一的指標體系。怎樣讓企業通過精簡的指標體系來反應其發展的各個方面並促進其價值創造的過程，是本書要研究的中心問題。

　　在對現有文獻和理論進行歸納總結的基礎上，本書發現目前對綜合報告的研究大多為理論方面的定性研究，較少涉及定量分析。一方面是由於綜合報告本身涵蓋大量不可直接計量的非財務信息，很難進行量化；另一方面是由於國際上發布綜合報告的企業較少，國內目前也只有為數不多的企業在進行披露，因而較難實現大樣本的分析，文獻研究多採用案例分析的方式。在少數進行綜合報告框架設計的文獻中也很少出現對其框架進行實證檢驗的內容。因而本書為解決以上問題，首先借鑑國際企業綜合報告的內容框架以及實踐經驗，以國際上已經發布綜合報告的企業作為樣本，實證研究了綜合報告與企業價值的相關性。通過縱向對比綜合報告發布前後對於同一企業價值相關性的影響以及橫向對比綜合報告發布與否對於不同企業價值的差異性，證明了發布綜合報告的必要性。其次，在指標體系內容設計上，為彌補之前文獻局限於指標信息使用者的研究視角的不足，本書從專家、綜合報告信息使用者和發布者的三重視角，沿著「理論設計—問卷優化—有效性檢驗」的思路，通過嚴謹的設計，對企業綜合報告的500個信息使用者、發布者和100位會計學領域的專家學者針對綜合報告的內容要素實施問卷調查，並對回收問卷結果進行科學分析；進一步地，通過有機結合因子分析法、AHP層次分析法、專家法來確定各項元素的權重，最終構建了五維度35個指標的優化體系。最後，本書選取滬深兩市2013—2015年共3年的A股527家上市公司作為研究對象，運用公司價值模型，證明本書構建的綜合報告體系的有效性。

　　本書的創新和貢獻主要體現在以下幾個方面：①基於國際先進經驗，從理論和實證角度拓展和豐富了企業綜合報告必要性的研究；②基於指標體系理論框架設計，從專家、企業綜合報告信息使用者和發布者的三重視角，構建了中國企業綜合報告指標體系；③拓展和豐富了企業綜合報告可行性的相關研究，實證檢驗了優化設計後的指標體系在中國企業實施的可行性；④提出了推動中

國企業綜合報告實施進程的對策建議。

　　研究方法上，本書針對不同章節的具體研究問題採用了多種研究方法。第一，文獻綜述、理論基礎以及各章節理論分析部分主要採用邏輯演繹和歸納演繹的方法。本書在文獻回顧方面，主要通過對比分析、歸納總結等方法對現有的國內外文獻按照歷史發展脈絡進行梳理並做簡要評述；在理論基礎部分，通過歸納總結、邏輯推演以及經驗總結等方法構建中國企業綜合報告指標體系的理論分析框架；在後續各個章節的理論分析部分，針對具體的研究假設進行邏輯推理，為實證數據分析奠定基礎。第二，本書第4、7章主要運用實證研究方法，採用描述性統計、相關性分析和線性多元迴歸等方法對本書提出的研究假設進行實證檢驗。實證研究主要通過STATA13、SAS、EXCEL2013及SPSS等軟件完成。第三，本書第6章運用問卷調查法、專家調查法、AHP層次分析法以及因子分析法對第5章構建的企業綜合報告指標體系初步框架進行優化設計。問卷調查法是本書的關鍵一環，通過科學、嚴謹的設計，向企業綜合報告的信息使用者以及發布者和會計學領域的專家學者發放、回收問卷；針對綜合報告指標體系的內容要素實施證據探索，並對問卷結果進行效度、信度檢驗；進一步地，本書有機結合因子分析法、AHP層次分析法、專家法來確定各項指標的權重，構建了適用於中國企業的綜合報告指標優化體系。第四，政策部分再次採用歸納方法，結合中國具體制度背景以及國內外大樣本的實證經驗證據，對中國企業綜合報告指標體系框架提出政策和實務應用方面的建議。

李妍錦

# 目　錄

**1　導論** / 1
　**1.1** 研究背景和意義 / 1
　　1.1.1　研究背景 / 1
　　1.1.2　研究意義 / 4
　**1.2** 研究內容和方法 / 5
　　1.2.1　研究內容 / 5
　　1.2.2　研究方法 / 7
　**1.3** 研究思路與框架 / 8
　**1.4** 研究創新與貢獻 / 10

**2　理論基礎** / 12
　**2.1** 委託代理理論 / 12
　**2.2** 社會責任理論 / 14
　**2.3** 利益相關者理論 / 16
　**2.4** 金字塔理論 / 17
　**2.5** 可持續發展理論 / 17
　**2.6** 三重底線理論 / 19
　**2.7** 系統論 / 20

# 3 文獻綜述 / 23

## 3.1 財務報告研究現狀 /23

3.1.1 國外研究現狀 /23

3.1.2 中國研究現狀 /25

## 3.2 非財務報告研究現狀 /25

3.2.1 國外研究現狀 /25

3.2.2 中國研究現狀 /27

## 3.3 綜合報告研究現狀 /27

3.3.1 企業綜合報告的內涵與外延界定 /28

3.3.2 企業綜合報告指標框架的選取與度量 /29

3.3.3 發布企業綜合報告的必要性研究 /31

3.3.4 企業綜合報告的影響因素 /32

3.3.5 企業綜合報告的實施效果 /34

## 3.4 文獻評述 /35

# 4 企業綜合報告及價值相關性的國際借鑑與啟示 / 36

## 4.1 企業綜合報告概念的界定 / 37

4.1.1 綜合報告與財務報告的關係 / 37

4.1.2 綜合報告與非財務報告的關係 / 38

## 4.2 國際企業綜合報告框架 / 40

4.2.1 《國際綜合報告框架》的基本概念 / 41

4.2.2 《國際綜合報告框架》的指導原則 / 41

4.2.3 《國際綜合報告框架》的內容板塊 / 42

## 4.3 企業綜合報告的價值相關性：來自日本的實踐探索 / 43

4.3.1 綜合報告與企業價值相關性：基於縱向對比的實證研究 / 45

4.3.2 綜合報告與企業價值相關性：基於橫向對比的實證研究 / 54

## 4.4 國際綜合報告的啟示 / 62

4.4.1 正確認識綜合報告的核心競爭力 / 62

  4.4.2 利益相關者進行積極監督和推廣 / 63

  4.4.3 政府進行適當引導和推進 / 63

# 5 中國企業綜合報告指標體系框架構建 / 65

## 5.1 企業綜合報告指標體系框架的構建原則 / 65

  5.1.1 整合性原則 / 65

  5.1.2 相關性原則 / 66

  5.1.3 可比性原則 / 66

  5.1.4 可靠性原則 / 67

  5.1.5 系統性原則 / 67

## 5.2 企業綜合報告指標體系的構建方法與思路 / 67

  5.2.1 企業綜合報告指標體系的構建方法 / 68

  5.2.2 企業綜合報告指標體系的構建思路 / 68

## 5.3 企業綜合報告指標體系的篩選依據及步驟 / 69

## 5.4 企業綜合報告指標體系理論框架 / 70

# 6 中國企業綜合報告指標體系框架的優化設計 / 77

## 6.1 企業綜合報告指標專家調查問卷分析 / 78

  6.1.1 問卷設計 / 78

  6.1.2 問卷發放與回收 / 79

  6.1.3 專家問卷信息統計分析 / 81

  6.1.4 專家調查問卷結果分析 / 85

## 6.2 企業綜合報告指標信息使用者、發布者調查問卷 / 91

  6.2.1 問卷設計和調查對象 / 91

  6.2.2 問卷發放與回收 / 92

  6.2.3 企業綜合報告指標信息使用者及發布者問卷信息統計分析 / 94

  6.2.4 企業綜合報告指標信息使用者及發布者調查問卷結果分析 / 98

## 6.3 綜合報告指標體系權重測算和權重分配 / 103

  6.3.1 維度指標相關性權重測算 / 103

  6.3.2 指標權重分配 / 108

 6.4 中國企業綜合報告指標體系優化框架 / 113

# 7 中國企業綜合報告指標體系框架的有效性檢驗 / 116

 7.1 引言 / 116

 7.2 理論分析和研究假設 / 116

 7.3 研究設計 / 118

  7.3.1 樣本選擇和數據來源 / 118

  7.3.2 模型設計和變量選取 / 118

 7.4 實證檢驗與結果分析 / 125

  7.4.1 描述性統計及相關性分析 / 125

  7.4.2 綜合信息披露指數與企業價值相關性 / 131

 7.5 穩健性分析 / 133

 7.6 研究結論 / 136

# 8 中國實施企業綜合報告的對策建議 / 138

 8.1 政府角度 / 139

  8.1.1 鼓勵學術界進行綜合報告研究 / 139

  8.1.2 組織開展企業綜合報告試點 / 140

  8.1.3 加快企業綜合報告制度的立法建設 / 142

  8.1.4 制定企業綜合報告制度框架和披露指引 / 143

  8.1.5 研究建立企業綜合報告監管體系 / 144

 8.2 企業角度 / 145

  8.2.1 樹立綜合性信息思維 / 146

  8.2.2 積極參與綜合報告改革試點 / 147

  8.2.3 完善企業內部控制體系 / 149

  8.2.4 有效利用現代化信息技術升級（XBRL） / 150

8.3 利益相關者角度 / 151
    8.3.1 會計師事務所 / 151
    8.3.2 行業協會 / 152
    8.3.3 投資者、供應商、客戶 / 152
    8.3.4 當地社區、環保組織、新聞媒體等其他利益相關者 / 153

# 9 研究總結與展望 / 154
  **9.1 研究結論** / 155
  **9.2 研究局限與展望** / 157

**參考文獻** / 159

**附錄1 中國企業綜合報告指標體系專家調查問卷** / 178

**附錄2 中國企業綜合報告指標體系信息使用者和發布者調查問卷** / 184

**附錄3 企業價值影響因素調查問卷** / 190

**附錄4 效度檢驗（60個指標）特徵值提取因子總方差情況表** / 196

**附錄5 效度檢驗（52個指標）特徵值提取因子總方差情況表** / 199

# 1 導論

## 1.1 研究背景和意義

### 1.1.1 研究背景

為適應商品經濟和市場經濟的發展，現代企業的組織形式也隨之不斷發展和變化，個人業主制企業、合夥制企業、公司制企業、現代公司制企業相繼出現。由於專業化的存在，為使「相對優勢」最大化，資本的提供者委託經理人代表其行使經營權、決策權，代理關係隨之產生，表現為現代股份制公司中控制權與所有權的分離。在委託代理關係中，由於委託人與代理人利益衝突及信息不對稱的存在，股東如何設計最優契約來激勵代理人成為現代公司治理的重要內容之一。另外，股東也要求企業的經營者或經理人編製報表以清晰明了地展示企業的營運狀況及經理人的經營成果，進而保障自身的利益不受侵犯。

高輝（2014）認為企業報告發展至今共經歷了三個階段：①單純的財務報告；②財務信息和非財務信息相結合的財務報告，且前者占據主要地位；③財務報告與非財務報告並存[1]。企業報告的發展演變與時代的進步是分不開的。在機器大工業時代，企業的運行主要由財務資本驅動，企業的營運績效可以由一些財務指標概括。所以企業投資者主要通過財務報告掌握企業的營運狀況，財務報告反應了企業的償債和盈利能力以及現金流動能力，這也是公司面向外界披露的主要信息。當邁入知識經濟的時代，財務資本仍然是企業運行的主要驅動力之一，卻不再占據支配地位，其他企業經營元素包括製造資本、社會與關係資本、人力資本等均占據重要地位，企業的內在價值需要通過這些元素得到全方位的反應，因此出現了財務信息與非財務信息共存的財務報告形

---

[1] 高輝. 企業綜合報告研究 [D]. 北京：財政部財政科學研究所，2014.

式，但在初期財務信息仍占據主要地位。進入21世紀，自然資源的匱乏、生態環境污染等問題愈加嚴重，這些問題已經成為國際重要問題，也是影響人類可持續發展的重要因素。當前企業面臨的環境壓力不斷提高，企業需要面向公眾公開環境報告、社會責任報告和可持續發展報告等。在1997年國際社會成立了全球報告倡議組織（GRI），該組織在2001年提出一份所有組織提交的可持續發展報告指南，該文件適用於所有的組織類型和模式；國際標準化組織（ISO）於2010年提出社會責任指南標準（ISO2600），對社會組織的責任機制提出更高要求。

如今，企業報告模式正在向第四階段轉變，這將是一個綜合報告的時代。綜合報告的出現依然是為了適應時代的需求。2008年國際金融危機爆發，人們開始意識到現有的企業報告體系存在著諸多問題。一方面，現有的報告體系缺乏對風險、機遇的有效披露；另一方面，企業往往在出具了財務報告後又獨立出具了社會責任報告或可持續報告，相同的信息可能在不同的報告中反覆出現，因此報告中往往會出現信息冗餘和關鍵信息缺失的情況，加大了報告的理解難度，企業高層在進行決策時難以根據給出的報告做出合理有效的決策。

因此，怎樣建立企業現代化報告體系目前已經成為各個組織和學術界探討的焦點問題，「綜合報告」的理念應運而生。國際綜合報告委員會（International Integrated Reporting Committee，IIRC）於2010年正式成立，其目的是將財務信息和非財務信息進行整合，提出一種綜合報告框架，使報告能夠更加充分、準確地反應企業當前的發展狀況和經營策略，並對企業未來的發展規劃和前景進行充分預測。企業外部人員可以通過報告對企業的社會責任、環境責任和商業價值等進行全面的瞭解，同時企業高層和所有者可以根據報告對企業的營運發展做出合理決策。換言之，綜合報告旨在降低企業與利益相關方之間的信息不對稱程度，使得利益相關方與外部投資者能夠全面、系統地瞭解企業的營運狀況與未來的風險。

國際綜合報告委員會（IIRC）於2013年12月正式頒布了綜合報告框架。該框架將被機構使用或影響的資源和關係劃分為：社會與關係資本、製造資本、自然資本、金融資本、人力資本和智力資本，該框架明確了組織各項資本和外部環境之間的關係，旨在提高組織的效益。綜合報告與傳統的財務報告和非財務報告的最主要的區別就是該報告十分重視信息之間的關聯，包括各項資本資源、財務信息和非財務信息的關係等；同時，綜合報告框架中涵蓋了幾大要素，分別是通用報告指南、治理情況、戰略和資源分配、組織概述和外部環境、編製及列報基礎、業務模式、績效、風險和機遇、前景展望。

越來越多的國家和地區參與綜合報告的體系中：南非、英國等國家制定和

發布了企業綜合報告制度及相關規則，南非的約翰內斯堡證交所於 2010 年首創性地要求所有上市公司發布綜合報告，若不發布綜合報告則需解釋不發布的原因；一些國際上的會計標準制定機構決定共同推進全球性的綜合報告應用，包括國際會計準則理事會（IASB）、美國財務會計準則委員會（FASB）、全球報告倡議組織等機構；法國規定自 2012 年起 5,000 人以上的公司需要上交綜合報告；歐洲議會在 2014 年 4 月規定超過 500 人的公司需要就公司治理、環境和社會等方面的相關政策、影響結果等進行公布。到目前為止，已經有 1,500 餘家公司利用綜合報告框架模式對公司的信息進行公布。2011—2013 年，IIRC 推行了綜合報告框架試點項目，截至 2013 年 9 月共計有 99 家機構參與，覆蓋了 10 個行業和 25 個國家及地區。

在全球一體化的歷史背景下，中國企業參與綜合報告的構建體系是很有必要的。中國相關部門和企業對綜合報告的運用也十分關注。2011 年召開的國際綜合報告委員會會議中國財政部王軍副部長對綜合報告在中國企業中的運用情況進行了審議。中國會計司司長楊敏等（2012）提出中國企業對綜合報告的運用有利於健全企業的報告體系，綜合報告對企業的價值和多種元素之間的關係進行了概括，對企業構建未來發展戰略具有重要的影響作用。同時，中國相關學者對綜合報告內容和框架的構建等進行了探討（蔡海靜 等，2011；汪祥耀 等，2012）。2016 年 10 月 8 日，財政部正式頒布了《會計改革與發展「十三五」規劃綱要》，其中對「十三五」期間會計改革和發展的任務進行了說明，指出健全企業會計準則體系，保持與國際同步，積極參與國際報告委員會工作等內容將作為「十三五」期間的重要任務，中國將致力於提高中國規則制定在國際上的影響力，中國企業對綜合報告的運用也需要進行持續的研究和探討。進一步地，2016 年 11 月 28 日，財政部會計司發布了綜合報告研究簡報第 1 期，以「國際綜合報告委員會的歷史、現狀和未來」為題，簡要地介紹了國際綜合報告委員會的設立和任務、組織架構及其試點項目，並討論了其提出的國際綜合報告框架以及綜合報告與可持續發展報告的關係。可以看出，綜合報告的研究在中國尚處於初期階段，並且受到財政部的重視。

中國企業在企業報告模式上仍處於以財務信息為主、非財務信息為輔的財務報告向財務報告與非財務報告並存轉變的階段後期，在綜合報告上的實踐可謂任重道遠。目前，中國各證券交易所要求上市公司對各類非財務信息進行公布，在一定程度上推進了綜合報告在中國的發展；上海證券交易所和深圳證券交易所已強制要求上市公司公布管治、環境和社會等非財務信息。2015 年 7 月，香港交易及結算所有限公司提出關於修訂《環境、社會及管治報告指引》

的諮詢意見見稿，其目的是促進企業對社會、管治和環境等信息的披露，期待更加標準規範的報告模板被提出並得到運用，同時協助發布人滿足利益相關者對組織非財務信息的需求。中石油在 2001 年首次提出環境健康安全報告，該報告的提出意味著中國上市公司已經開始將非財務信息通過報告發布出來。目前非財務信息的披露採用得最多的方式是可持續發展報告和社會責任報告，到目前為止採用綜合報告的企業還不多。目前中國首家採用綜合報告的上市公司是中國廣核電力股份有限公司，中國還有中電控股採用了 IIRC 的綜合報告作為年報模板，其他企業並未開始採用綜合報告。

　　總體而言，無論是從國際和國內層面，還是從理論和實踐的發展層面，企業綜合報告這一新型的報告模式毋庸置疑將成為經濟和會計領域中的研究重點，這意味著企業報告模式的改革正式開啟。而目前企業綜合報告的發展還處於探索階段，國內外對綜合報告尚未有一個統一的定義，也少有研究深入探討綜合報告的內涵與外延，中國主要研究仍集中在對非財務報告的發展上，針對綜合報告的研究和實踐寥寥無幾。另外，目前對綜合報告的研究大多停留在理論框架上，尚未有具體的編製指南或規範指導企業如何編製綜合報告，使得綜合報告模式難以推廣，綜合報告涵蓋內容在不同企業間差異較大，難以比較。因此，本書嘗試從理論和實證兩個方面論證構建綜合報告指標體系的必要性，並通過有機地結合因子分析法、層次分析法（AHP）、專家法、功效係數法來確定各項元素的權重，構建適用於中國企業的綜合報告指標體系。

### 1.1.2　研究意義

1. 理論意義

　　本書有利於深化國際企業綜合報告的理論研究。自 2010 年首次提出「綜合報告」理念以來，國內外學者對企業綜合報告的發展歷程、出現的歷史必然性、特徵和制度形成、粗略框架構建以及實現的路徑選擇等方面進行了較為系統、全面的分析。但是對於綜合報告框架中關鍵指標的研究較少，本書在現有研究成果基礎上，進一步豐富綜合報告指標體系相關的學術文獻，推動指標體系理論創新，也為國際綜合報告研究提供來自中國的理論貢獻。

　　本書有利於拓展中國企業綜合報告的後續理論發展。從研究現狀來看，中國學者對綜合報告的研究數量較少，研究多集中在綜合報告理念的描述、國際綜合報告框架的講解和國外經驗的直接引入上，且較多採用規範式研究，整體研究水準滯後於國際。因而本書力圖總結國內外綜合報告的最新理論成果，運用更多元的研究方法構建中國綜合報告指標體系，既有助於中國學者進行一定

的知識儲備，也可使相關部門加深對企業綜合報告相關理論的瞭解和認知。只有當企業綜合報告的相關理論完善和成熟之後，企業綜合報告的實踐和推廣才能持續開展。

2. 實踐意義

本書有助於推進中國綜合報告實施進程。本書構建了符合中國國情的綜合報告指標體系，著重強調對企業價值有所提升的核心指標。在中國綜合報告研究的起步階段，它起著承上啓下、畫龍點睛的作用，既包含了傳統企業報告中的核心財務信息，又優選了非財務報告中的各維度信息。一方面拓展了企業報告分析的思維方式，另一方面降低了企業披露綜合信息的成本，減少了不同報告之間內容冗餘的情況，從而為企業採用綜合報告實踐提供了一定參考，對綜合報告在中國的推進意義重大。

本書有助於企業內部管理者準確判斷企業的管理效果並提升經營績效。綜合報告指標體系可以精準、全面地幫助企業簡潔而準確地評價自身經營業績和財務風險，提高管理決策的科學性與合理性，妥善處理利益關係，從而制定出適合企業長久發展的戰略，提升企業業績。

本書有助於企業外部利益相關者更加全面地認識企業，合理評估企業的發展潛力。具體而言，投資者、債權人等信息使用者能夠通過本書構建的指標體系更加準確、全面地瞭解企業的經營狀況和未來發展趨勢，以提高決策的科學性和正確評價管理層的受託責任履行情況；監管部門可以根據指標披露結果，合理制定標準和相關的規章制度等，提高社會資源的配置效率與效益。

## 1.2 研究內容和方法

### 1.2.1 研究內容

本書以經濟學和會計學相關理論為指導，回顧企業報告體系的歷史演進，從理論和實證兩方面分析構建綜合報告體系的必要性。借鑑國際企業綜合報告體系框架的初步設想，本書選取了已發布綜合報告的國際企業數據，採用縱向迴歸分析和橫向統計差異分析的比較方法，研究發布綜合報告這一行為前後對企業會計信息價值的影響以及發布綜合報告與否企業各指標之間的差異性比較。本書通過《中國企業綜合報告指標體系專家調查問卷》和《中國企業綜合報告指標體系信息使用者及發布者調查問卷》兩份問卷的設計、發放、回收，對兩份問卷進行了效度、信度檢驗，並對相關指標權重進行設置，最終形

成一套既符合國際標準又符合中國國情，既能滿足信息使用者對企業綜合報告的需求，又能符合信息發布者對企業信息披露綜合考量的包含五維度35個項目的指標體系框架；同時在中國外眾多研究的基礎上再進一步拓展，將具有35個指標的優化體系運用到真實的企業營運中，以探究該優化指標體系是否符合中國企業的實際情況。本書最後從政府、企業和利益相關者三個角度提出具有可行性的對策建議。

全書共分為九章，每章內容如下：

第1章 導論。本章主要介紹本書的研究背景和意義，回顧與此相關的研究成果，闡述本書的研究思路和方法，勾勒出本書的整體內容和研究框架，提煉出本書可能的創新點。

第2章 理論基礎。本章運用歸納演繹和邏輯演繹的方法搭建企業綜合報告的理論分析框架。其中，委託代理理論提供了企業進行綜合信息披露必要性的理論依據；社會責任理論、三重底線理論、可持續發展理論、金字塔理論和利益相關者理論為企業披露綜合信息內容提供了理論支持；系統論則為「企業不同類型的綜合信息應如何披露」這一問題提供了理論研究思路，由此奠定構建中國企業綜合報告指標體系的理論基礎。

第3章 文獻綜述。本章按照企業報告體系的發展脈絡，主要圍繞財務報告、非財務報告和綜合報告的現有研究成果展開文獻梳理。具體來看，財務報告的相關研究主要從中國和國外對於現行財務報告的局限性分析和改進方法來梳理；非財務報告的國內外相關研究從各類非財務報告的出現、現有非財務報告的不足和改進方法幾個方面進行文獻回顧；綜合報告的相關文獻梳理包括企業綜合報告內涵與外延的界定、指標框架的選取與度量、發布企業綜合報告的必要性研究、企業綜合報告的影響因素以及實施效果五個部分的內容。本章在梳理現有研究成果的基礎上進行簡要評述，針對現有研究分析出尚待解決或深入挖掘的問題，為後文的進一步研究提供堅實的文獻基礎。

第4章 企業綜合報告及價值相關性的國際借鑑與啟示。本章借鑑國際先進經驗，歸納總結國際綜合報告框架，並選取亞洲地區發布綜合報告數目最多的日本上市公司為樣本，通過理論分析提出研究假設，構建模型實證檢驗發布綜合報告對企業和利益相關者之間信息對稱程度產生的影響，將研究的方向定位在通過縱向對比綜合報告發布前後對於同一企業價值相關性的影響，以及橫向對比綜合報告發布與否對於不同企業價值的差異性，證明發布綜合報告的必要性。

第5章 中國企業綜合報告指標體系框架構建。本章借鑑國際中國關於綜

合報告框架研究的相關標準，提出適用於中國企業的綜合報告指標體系框架構建原則，並在這些原則的指引下形成綜合報告五維度指標的構建方法、設計思路，同時確立了綜合報告基本指標的篩選依據和步驟，形成五維度60個指標的綜合報告指標體系初步框架。

第6章 中國企業綜合報告指標體系框架的優化設計。本章採用問卷調查的方式對上一章指標體系框架進行指標篩選，按照先後順序完成了《中國企業綜合報告指標專家調查問卷》和《中國企業綜合報告指標信息使用者及發布者調查問卷》兩份問卷的設計、發放、回收工作，並對調查結果進行科學的效度、信度檢驗。在此基礎上，本章採用層次分析法及德爾菲法，構造層次分析結構模型和標準比較判斷矩陣，得出一級指標權重並進行一致性檢驗；進而計算一級指標所占權重及二級指標重要性分值，採用歸一法對二級指標賦權，最終形成五維度35個指標的精簡優選框架。

第7章 中國企業綜合報告指標體系框架的有效性檢驗。本章通過理論分析提出研究假設，選取滬深兩市2013—2015年A股上市的527家工業企業作為樣本，結合描述性統計、相關性分析以及計量模型，實證檢驗綜合報告指標體系中五類指標綜合信息披露質量對企業價值的影響，以證明指標體系的有效性。

第8章 中國實施企業綜合報告的對策建議。本章從政府、企業和利益相關者三個角度提出具有可行性的思路。首先，建議政府部門做好綜合報告的頂層設計，鼓勵學術界對綜合報告模式進行充分研究；同時協調相關監管部門積極開展企業綜合報告試點工作，加快企業綜合報告制度的立法建設，研究建立企業綜合報告監管體系。其次，企業應將戰略重點轉移到可持續發展和社會責任上，踴躍參加綜合報告相關試點，建立企業綜合信息指標管理系統，完善企業內部控制體系，有效利用現代化信息技術優勢保證信息充分披露，同時加強與利益相關者的溝通。最後，調動利益相關者的積極性，充分發揮其監督作用。

第9章 研究總結與展望。本章歸納總結了本書的主要研究結論，闡述本書的創新點和主要貢獻，指出研究的不足之處，並列示了研究的局限和未來可能的研究方向。

### 1.2.2 研究方法

本書針對不同章節的具體研究問題採用了多種研究方法。

第一，邏輯演繹法、歸納演繹法、對比分析法和經驗總結法。本書在文獻

回顧方面，主要通過對比分析、歸納總結等方法對現有的國內外文獻按照歷史發展脈絡進行梳理並做簡要評述；在理論基礎部分，通過歸納總結、邏輯推演以及經驗總結等方法構建中國企業綜合報告指標體系的理論分析框架；在後續各個章節的理論分析部分，針對具體的研究假設進行邏輯推理，為實證數據分析奠定基礎。

第二，實證研究方法。本書第4、7章主要運用實證研究方法，採用描述性統計、相關性分析和線性多元迴歸等方法對本書提出的研究假設進行實證檢驗。實證研究主要通過STATA13、SAS、EXCEL2013及SPSS等軟件完成。

第三，問卷調查法、專家調查法、AHP層次分析法以及因子分析法。本書第6章運用問卷調查法、專家調查法、AHP層次分析法以及因子分析法對第5章構建的企業綜合報告指標體系初步框架進行優化設計。問卷調查法是本書的關鍵一環，通過科學、嚴謹地設計問卷，向企業綜合報告的信息使用者以及發布者和會計學領域的專家學者發放、回收問卷；針對綜合報告指標體系的內容要素實施證據探索，並對問卷結果進行效度、信度檢驗；進一步地，本書有機地結合因子分析法、AHP層次分析法、專家法來確定各項指標的權重，構建了適用於中國企業的綜合報告指標優化體系。

第四，歸納法。本書第8章對策建議部分再次採用歸納方法，結合中國具體制度背景以及國內外大樣本的實證經驗證據，對中國企業披露綜合報告指標體系框架提出政策性和實務應用的建議。

## 1.3 研究思路與框架

本書的研究思路與框架如圖1-1所示，在對現有文獻和理論研究進行歸納總結的基礎上，首先借鑑國際企業綜合報告的內容框架以及實踐經驗，研究了綜合報告與企業價值的相關性；通過縱向對比綜合報告發布前後對於同一企業價值相關性的影響以及橫向對比綜合報告發布與否對於不同企業價值的差異性影響，證明了綜合報告的必要性。其次，本書在指標體系設計上，沿著「理論設計—問卷優化—有效性檢驗」的思路，最終構建了五維度35個指標項目的優化體系，並從政府、企業和利益相關者三個角度提出了中國企業實施綜合報告指標體系的對策建議。

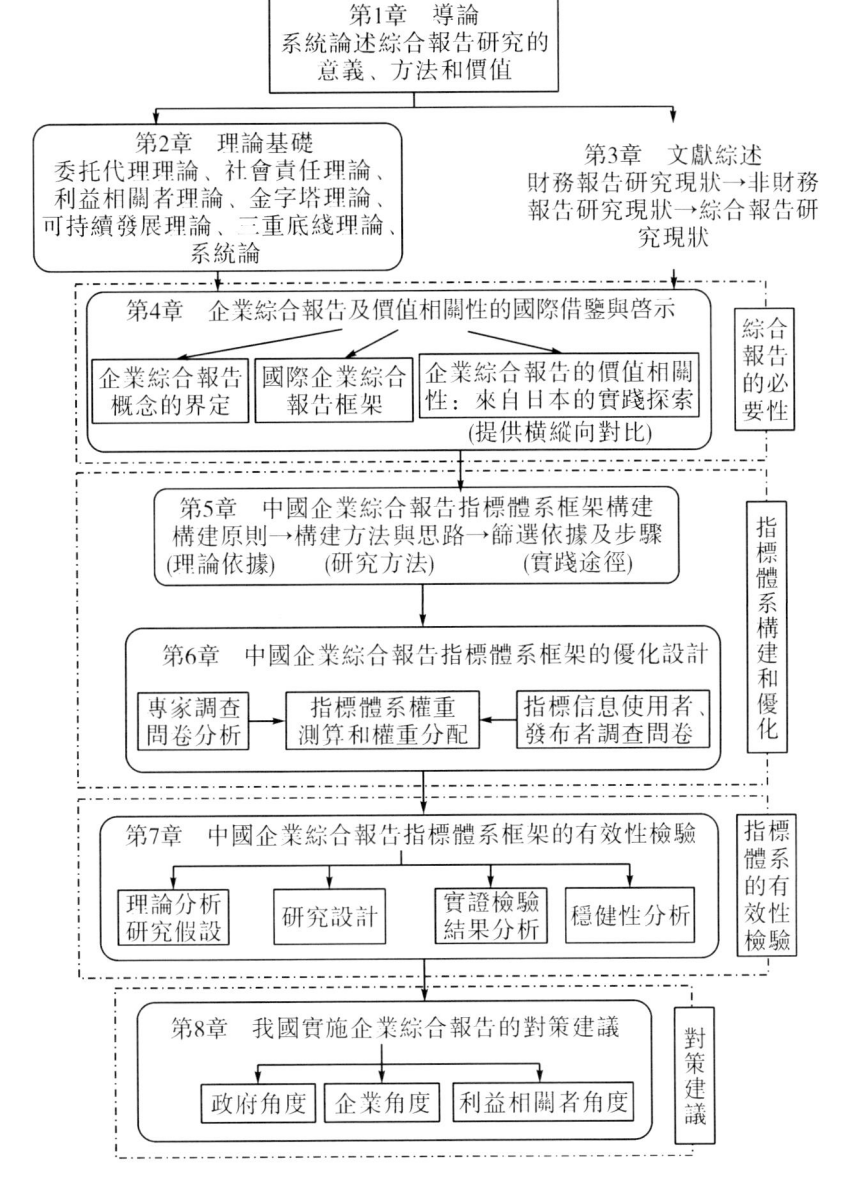

```
┌─────────────────────────────┐
│     第1章  導論              │
│  系統論述綜合報告研究的      │
│     意義、方法和價值         │
└─────────────────────────────┘
        │           │
        ▼           ▼
┌──────────────────┐  ┌──────────────────┐
│  第2章  理論基礎  │  │  第3章  文獻綜述  │
│ 委託代理理論、社會責任理論、│ 財務報告研究現狀→非財務│
│ 利益相關者理論、金字塔理論、│ 報告研究現狀→綜合報告研│
│ 可持續發展理論、三重底綫理論、│ 究現狀            │
│ 系統論            │  └──────────────────┘
└──────────────────┘
```

┌─────────────────────────────────────────────────┐ ┐
│   第4章  企業綜合報告及價值相關性的國際借鑒與啓示 │ │
│  ┌────────┐ ┌────────┐ ┌──────────────────┐    │ │綜
│  │企業綜合報告│ │國際企業綜合│ │企業綜合報告的價值相關│    │ │合
│  │概念的界定 │ │報告框架   │ │性：來自日本的實踐探索│    │ │報
│  └────────┘ └────────┘ └──────────────────┘    │ │告
│                        (提供橫縱向對比)          │ │的
└─────────────────────────────────────────────────┘ │必
┌─────────────────────────────────────────────────┐ │要
│   第5章  中國企業綜合報告指標體系框架構建         │ │性
│   構建原則→構建方法與思路→篩選依據及步驟         │ ┘
│   (理論依據)   (研究方法)    (實踐途徑)          │ ┐
└─────────────────────────────────────────────────┘ │
┌─────────────────────────────────────────────────┐ │指
│   第6章  中國企業綜合報告指標體系框架的優化設計   │ │標
│  ┌────────┐ ┌────────┐ ┌──────────────────┐    │ │體
│  │專家調查  │→│指標體系權重│←│指標信息使用者、    │    │ │系
│  │問卷分析  │ │測算和權重分配│ │發布者調查問卷     │    │ │構
│  └────────┘ └────────┘ └──────────────────┘    │ │建
└─────────────────────────────────────────────────┘ │和
                                                    │優
                                                    │化
                                                    ┘
┌─────────────────────────────────────────────────┐ ┐
│   第7章  中國企業綜合報告指標體系框架的有效性檢驗 │ │指
│  ┌──────┐ ┌──────┐ ┌──────┐ ┌──────┐          │ │標
│  │理論分析│ │研究設計│ │實證檢驗│ │穩健性分析│      │ │體
│  │研究假設│ │        │ │結果分析│ │          │    │ │系
│  └──────┘ └──────┘ └──────┘ └──────┘          │ │的
└─────────────────────────────────────────────────┘ │有
                                                    │效
                                                    │性
                                                    │檢
                                                    │驗
                                                    ┘
┌─────────────────────────────────────────────────┐ ┐
│   第8章  我國實施企業綜合報告的對策建議           │ │對
│  ┌────────┐ ┌────────┐ ┌──────────┐            │ │策
│  │政府角度  │ │企業角度  │ │利益相關者角度│          │ │建
│  └────────┘ └────────┘ └──────────┘            │ │議
└─────────────────────────────────────────────────┘ ┘

圖 1-1  研究框架圖

## 1.4 研究創新與貢獻

1. 基於國際先進經驗,從理論和實證角度拓展和豐富了企業綜合報告必要性的研究

目前國際國內關於企業綜合報告的研究大多以定性分析綜合報告內涵和外延等內容的規範研究、案例研究和經驗研究為主。本書不但結合歸納演繹法追溯綜合報告的發展演進和現狀以證明發布綜合報告是必然趨勢,還利用已發布綜合報告的國際企業作為樣本,從發布綜合報告前後企業價值的縱向對比和發布與未發布綜合報告企業間的橫向對比來實證檢驗發布綜合報告的必要性。具體來說,本書以綜合報告官方網站中發布報告數最多的 77 家日本上市公司為樣本,研究發現企業會計信息的價值相關性在發布綜合報告之後有所提高,會計信息的變化更容易被整合到市場股票價格當中,即綜合報告的發布提高了企業信息披露質量,降低了企業與利益相關者之間的信息不對稱程度。本書再用已經發布綜合報告和從未發布綜合報告的企業數據進行指標間差異比較,驗證企業發布綜合報告能夠全面、客觀、充分地反應企業綜合信息,從而進一步證明企業採用綜合報告模式比使用一般報告模式更週旦密和有效,為在中國推廣綜合報告作為企業的報告模式提供了必要性支持。

2. 基於指標體系理論框架設計,從專家、企業綜合報告信息使用者和發布者的三重視角,構建了中國企業綜合報告指標體系

目前國際上對企業綜合報告的編製原則、信息披露要求等沒有統一的定論,也缺乏專門針對企業綜合報告指標內容的調查式研究。大多數關於中國企業綜合報告的研究集中於綜合報告整體框架內容的探討,但目前中國多數企業並未達到發布包括企業外部環境、商業模式、戰略、綜合績效以及前景等內容要素的完整報告的階段,因而本書嘗試先從綜合報告大框架中的核心指標體系進行研究。首先,設計了指標體系的總體目標,以及實現目標所需要遵循的五個原則。根據中國國際披露標準及中國涉及的過往文獻,分三個篩選步驟,初步搭建了一套涵蓋財務信息、環境信息、社會關係信息、人力資源信息和公司治理信息的五維度指標體系理論框架。其次,通過對專家以及信息使用者和發布者實施問卷調查,採用 AHP 層次分析法和專家法進行結果優化,最終確定了基於三方共識的適用於中國企業的綜合報告核心指標體系,拓展了以往僅限於從信息使用者角度進行綜合報告研究的思路,從信息發布者角度細化了研

究，為該領域研究提供新的視角。

3. 拓展和豐富了企業綜合報告可行性的相關研究，實證檢驗了優化設計後的指標體系在中國企業實施的可行性

通過研究中國資本市場數據，本書實證檢驗了優化設計後的五維度指標信息與企業價值的相關性。本書選取中國滬深兩地 2013—2015 年共 3 年的 A 股 527 家上市公司作為研究對象，運用企業價值模型，結果證明指標體系中五個維度信息質量披露指數與企業價值呈顯著相關關係，即五個維度的指標信息披露越充分、質量越高，對企業價值的提升效果越明顯。同時，五個維度信息整合程度越高，意味著綜合報告指標體系披露質量越好，即整合指標信息披露較單維信息更為正向顯著，其所反應的信息比某一維度反應的信息具有更高的價值相關性，從而為外部投資者提供更多企業內部信息，降低信息不對稱程度和交易費用，能更有效地提升企業價值。這也在一定程度上說明了構建中國企業綜合報告指標體系的有效性和必要性，對中國企業報告體系的改革具有較大參考價值。

4. 提出了推進中國企業綜合報告的實施路徑

近年來，學術界和實務界多次提倡進行企業整合信息披露制度的相關建設，但在中國當前條件下，涉及企業各個方面的整合信息披露仍是一個長期過程，因而本書研究的指標體系正是考慮了企業和利益相關者等多方利益需求，從披露核心指標開始，鼓勵企業逐步分階段地進行更完整的信息披露，也可以使指標體系簡潔清晰地反應企業在該維度價值創造的過程。綜合報告指標體系源於實踐，忠於實踐，正是中國企業轉型背景下更具現實意義的一種選擇。

# 2 理論基礎

綜合報告作為目前國際社會大力推廣的企業報告模式，其本質是企業對內外部各類利益相關者進行綜合信息披露的媒介。隨之而來的問題便是：企業為何需要進行綜合信息披露？企業需要披露哪些綜合信息？企業不同類型的綜合信息應如何披露？而委託代理理論提供了企業進行綜合信息披露必要性的理論依據；社會責任理論主要是為企業披露綜合信息的內容提供理論支持；系統論則為「企業不同類型的綜合信息應如何披露」這一問題提供了理論研究思路。

因此，本章內容安排如下：首先，從委託代理理論角度說明發布企業報告的必要性；其次，從社會責任理論的發展來說明企業報告內容要素由過去單一的財務信息向財務信息與非財務信息全方位展開的必要性，社會責任理論又可以細分為三重底線理論、可持續發展理論、金字塔理論和利益相關者理論，本書在進行指標設計時就是從這幾個方面展開的；再次，從系統論的角度闡釋企業報告強調綜合信息連通性的必要性；最後，以系統論、社會責任理論和委託代理理論為基礎對綜合報告實施的必要性進行論述。

## 2.1 委託代理理論

企業報告出現的原因之一是委託代理問題的存在。

隨著市場經濟和商品經濟的不斷發展，越來越多的企業組織形式應運而生，包括現代公司制企業、個人業主制企業、公司制企業和合夥制企業等。股份制企業為委託代理關係的出現提供了環境條件。

委託代理關係是為了實現優勢的最大化，從而使公司資源得到最大化的回報，但這種關係也有無法避免的弊端：首先，委託人和代理人所追求的最終目標有所不同；其次，委託人和代理人之間存在信息不對稱的問題，在委託代理關係中，由於時間、精力或知識等的限制，委託人將公司的管理委託給代理

人，因此代理人掌握著更多的公司經營信息，而委託人處於信息劣勢，所以在委託代理關係中，當兩者利益發生衝突時，代理人往往會選擇犧牲委託人的利益而委託人並不知情。

正是由於在委託代理關係中出現的這種信息不對稱情況嚴重損害了委託人的利益，因此，從委託人的角度，最優契約的設計對於提升公司的治理質量十分關鍵。另外，股東還要求企業的經營者或經理人編製報表，清晰明了地展示企業的營運狀況及經理人的經營成果，進而保障自身的利益不受侵犯。

委託代理問題的存在是企業編製報告展示企業營運狀況及經理人經營成果的主要原因。在機器大工業時代，企業的運行主要由財務資本驅動，企業的營運績效可以由一些財務指標概括。企業中的委託代理關係主要發生在企業股東和經理人之間，股東在瞭解企業經營信息時主要依賴於財務報告，企業對外披露的信息包括現金流動能力、償債能力和盈利能力。而隨著時代的進步與經濟的發展，知識經濟開始興起，財務資本仍然是企業運行的主要驅動力之一，卻不再占據支配地位，人力資本、社會與關係資本、製造資本等元素都與企業的發展運行息息相關。現代化的委託代理關係不僅僅發生在企業股東和經理人之間，同時還發生在製造資本提供者和人力資本提供者等多個利益主體之間。Jensen 和 Meckling（1976）提出，企業實際上就是通過顯性契約和隱性契約結合成的多個個人關係的法律實體，其中的契約關係即委託代理關係。通過契約聯結的個體不僅包括企業所有者和經營者，同時也涵蓋了企業的經營者和員工、企業債權人和債務人、企業法人和政府之間等多種契約關係。對於現代企業而言，僅依靠財務信息報告難以反應出全面真實的企業內在價值。在進行信息披露時，企業需要從多個角度出發，全面展示企業的資本與創造的價值之間的對應關係，從而為企業的股東、製造資本提供者和人力資本提供者等利益主體提供綜合全面的報告內容。上述委託代理關係可以由圖 2-1 概括。

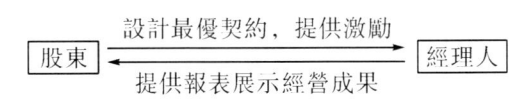

```
                 設計最優契約，提供激勵
       ┌─────┐ ─────────────────────→ ┌───────┐
       │ 股東 │                         │ 經理人 │
       └─────┘ ←───────────────────── └───────┘
                 提供報表展示經營成果
```

**圖 2-1　委託代理關係**

綜上所述，委託代理理論回答的便是「企業為何需要進行信息披露」這一問題。信息披露制度可以減輕委託人和代理人之間的信息不對稱程度，同時也有利於減緩雙方之間的利益衝突（王德祿 等，2009）。這一理論對信息披露制度在企業運行中的重要意義進行了明確的闡述，從而使企業報告應運而生。

## 2.2 社會責任理論

為了緩解企業經理人和股東之間的關係，企業報告由此產生。傳統的企業報告僅包含企業的財務信息，而現代的企業報告則同時涵蓋了財務信息和非財務信息。之所以出現這一改變，一方面可以認為是由於企業經理人與資本提供者之間的委託代理問題由過去的單一關係轉變為多元關係的內在需求，另一方面也是因為企業的社會責任內涵不斷豐富。

企業社會責任並不是固定的概念，在不同的時代背景下，企業社會責任的內涵隨著社會和經濟的發展也不斷發生著變化。通常認為「企業社會責任」這一概念是英國學者謝爾頓在其著作《管理的哲學》中最早提出的，但是早在 17 世紀，被譽為「自由企業的守護神」和「現代經濟學之父」的亞當·斯密就已經提出過這一概念。其在《國富論》中指出：企業社會責任就是在為社會提供勞務和產品的過程中，實現利潤的最大化，企業經營目標即實現股東個人利益的最大化。

1929—1933 年那場由美國開始進而席捲了整個資本主義世界的大蕭條使人們意識到企業利益與社會效益並不是同步增進的。如果一味追求企業利潤的最大化，很可能會造成環境污染、失業、產銷脫節等一系列社會問題。亞當·斯密的觀點開始受到人們的質疑，而英國學者謝爾頓對企業社會責任的理論研究從 1924 年起開始受到世人的關注。謝爾頓在著作《管理的哲學》中指出，企業社會責任中應涵蓋道德因素，企業在追求自身利益的同時還需要盡量滿足其他群體的需求，從而促進社會利益的提高。葉陳剛（2007）對企業社會責任這一概念進行了概括，認為企業的社會責任是指企業需要對與企業相關的社會、環境和實體負責。

運用古典經濟學對企業社會責任進行分析，所得出的結論就是傳統的企業社會責任觀點，即企業唯一的社會責任為實現利潤的最大化，如果企業在承擔其他社會責任的過程中造成營運成本的增加，這將會轉移到企業股東或者消費者身上。現代社會經濟觀則提出企業的社會責任不僅是為股東創造利潤，同時還需要在其能力範疇內承擔相應的其他社會責任。代表人物多德（Dodd，1930）提出，由於企業在營運過程中，公共利益對其的影響作用十分明顯，法律和道德等因素也會使企業在為股東創造利潤的同時顧及其他利益主體，包括社會公眾、消費者和企業員工等。阿道夫（1954）同樣認為如果企業的社會

責任只是局限在實現股東利潤的最大化,將會出現很多弊端。由於企業也是社會的一部分,因此企業需要對社會承擔一定的責任,這也被稱為「企業良知」。

第二次世界大戰後,世界經濟重整旗鼓,經濟繁榮發展,隨之而來的環境問題也愈加嚴峻,企業社會責任也引起了越來越廣泛的討論,傳統的企業社會責任觀難以被所有人認同。霍華德・博文(1953)在其著作《企業家的社會責任》中提出「企業需要在其能力範圍內主動承擔相應的社會責任」,這一觀點的提出引發了人們對企業社會責任的廣泛討論。約翰遜(Johnson,1971)認為企業管理者需要在為股東創造利潤的前提下,均衡社會各個利益主體的利益,應當在經營管理過程中充分考慮國家、地區、供應商和經銷商以及企業員工等的利益。Brown 和 Dakin(1997)提出企業需要承擔的社會責任應當包括對消費者的責任和對生態環境的責任。

在前文的討論及過往的文獻中,企業社會責任的概念實際上是模糊的,它的內涵隨著所處的歷史時期的變化而不同。有些學者提出企業承擔的對除股東外的利益主體的責任為企業的社會責任,將企業對股東的責任獨立出來,形成企業的經濟責任這一概念。如劉兆峰(2008)認為企業社會責任這一概念在由謝爾頓提出之時,其內涵與企業經濟責任是一對並列的概念。按照責任的對象不同而劃分,企業的經濟責任以企業的所有者為對象,以利潤最大化為原則,以為股東或企業所有者賺取利潤為責任;企業社會責任則是指企業對除股東之外的利益主體承擔的責任,包括對企業員工、消費者、政府、生態環境等主體承擔的責任。

卡羅爾(Carrol1,1979)對企業社會責任的定義則是「企業社會責任是指在一定的社會和時代條件下對企業在法律、道德、經濟和自由決定(慈善)等方面的願景」。企業所承擔的首要的社會責任在於經濟層面,之後分別是社會、道德和慈善方面的責任。這一定義在學術界中應用得相對廣泛。

約翰・埃爾金頓提出三重底線理論,這一理論將在後續展開討論。該理論提出企業應承擔經濟、環境和社會這三個層面的責任,其中經濟責任與社會責任的地位同樣重要。

綜上所述,社會責任理論主要是對企業披露制度中的披露內容進行了理論分析。利用古典經濟學對企業社會責任觀進行分析,結果顯示企業最突出的社會責任是實現利潤的最大化,因此企業需要對財務報告進行披露。同時,企業社會責任的內涵隨著社會責任理論的豐富而不斷豐富,這些理論包括三重底線理論、利益相關者理論、可持續發展理論和金字塔理論等,在此基礎上,社會

責任報告、可持續發展報告等應運而生。企業報告逐漸向財務信息和非財務信息並存的形式發展，而這些理論也成為本書建立企業綜合報告指標體系框架內容的基礎。

## 2.3 利益相關者理論

在伯利和多德關於企業社會責任的討論的基礎上出現了利益相關者理論。伯利認為，企業只需要為股東賺錢。多德在反駁伯利的理論時，提出企業在營運過程中不僅需要對股東負責，還需要對其他利益主體負責，從而引發了對利益相關者這一概念的討論。斯坦福大學研究所在1963年提出了利益相關者的概念：「利益相關者是出現在團體當中，支撐組織營運的主體。」

弗里曼在1984年出版的《戰略管理：利益相關者管理的分析方法》中明確提出了利益相關者理論。他認為利益相關者對公司的營運和發展起到至關重要的作用，企業經營過程中追求所有利益相關者的利益，而非某一利益主體的利益。該理論認為利益相關者直接影響企業的營運目標，同時利益相關者也會受企業目標實現過程的影響。較之前述的斯坦福大學研究所於1963年對利益相關者的定義，弗里曼的觀點有著更豐富的內涵。他認為一個企業的利益相關者來自兩個方面，一方面是影響企業實現目標的群體和個體，這與斯坦福大學研究所的定義異曲同工；另一方面，企業的利益相關者也包括那些企業經營活動能夠影響到的群體和個人，這是斯坦福大學研究所的定義中所缺乏的。弗里曼認為企業利益相關者不僅包括企業的投資者、經理人，還包括政府、環境保護者、銀行、供應商和經銷商、債權人、社會公眾等利益群體。

企業社會責任理論的提出就是基於利益相關者理論的，利益相關者理論指出了企業需要負責的主體。上文中提到的Jensen和Meckling（1976）對企業的概念進行了表述，指出其是由多個主體根據顯性和隱性契約締結成的法律實體，企業的營運過程也就是對這些契約關係的一種均衡，平衡組成企業的多個利益主體之間由於追求的目標不同可能會出現的利益衝突（陳宏輝 等，2003）。美國管理學家鄧非和多納德遜認為組成企業的多個主體之間締結的契約關係為綜合性社會契約（Integrative Social Contracts），並且企業需要對利益相關者的利益做出回應，如果無法均衡各方主體的利益，企業將無法獲得長期穩定的發展。因此，企業的社會責任需要同利益相關者的利益要求相結合。

## 2.4　金字塔理論

基於利益相關者理論的發展，美國佐治亞大學教授卡羅爾（1991）認為，利益相關者主要包括那些在企業日常活動中投入單一或多樣要素的，並且可能影響企業活動或者被企業影響的主體。更進一步來說，卡羅爾教授指出企業必須承擔一定的社會責任，即要在特定階段承擔社會對企業的期望，包括經濟、倫理、法律以及其他層面的責任。按照卡羅爾教授的觀點，企業責任包括四個方面的內容，分別是經濟責任、倫理責任、法律責任和社會慈善責任，但是這四個方面的責任的重要性是不同的，經濟責任最重要，其次是法律責任，慈善責任的重要性程度最低。首先，經濟責任是非常關鍵的社會責任之一，這也體現了企業的經濟組織本質，但是經濟責任並不是唯一的；其次，企業屬於社會的一個部分，所以企業必須在社會支持下工作，社會賦予企業責任並為企業提供支撐，企業在社會環境的支持下承擔提供服務、產品的責任，所以企業必須要在法律框架內實現經濟責任，也就是企業需要承擔法律責任；再次，企業承擔的法律責任是通過法律條文明確的，但是公眾還是對企業有一些法律之外的期待，所以企業也就承擔著一些倫理責任；最後，一般來說，社會還是期待企業能夠承擔一些無法明確的責任，這些社會慈善責任完全是由企業自主決定和選擇的，這是自願行為，例如照顧孤寡老人，慈善捐贈等，卡羅爾教授將其稱為企業自行裁量的責任。卡羅爾教授認為企業承擔的責任的重要性是呈金字塔結構的，這種排列是從責任的重要性以及企業的層面考慮的，經濟責任是最基礎的責任，法律責任、倫理責任和其他自行裁量的社會慈善責任分別占據第二、第三、第四位。

綜上所述，金字塔理論明確了企業所需承擔的社會責任的各個層次，而本書所建立的綜合報告指標體系就是基於企業所需承擔的經濟責任、法律責任和慈善責任三大方面並將其進一步拓展，將指標分為涵蓋面更廣、更能提升企業價值和滿足利益相關者需求的五大方面。

## 2.5　可持續發展理論

隨著經濟的發展，環境污染問題也越來越突出，可持續發展主題就是在這

種背景下提出的。從20世紀中後期開始，隨著工業化步伐的加快，環境問題也越來越嚴重。美國賓夕法尼亞州在1948年爆發了嚴重的空氣污染，嚴重地危害了居民的健康，民眾頻繁出現喉嚨腫痛、眼痛、嘔吐、腹瀉等症狀①；1952年12月，英國倫敦，超過一萬人在短短的兩個月內死於呼吸系統疾病，同時還有許多人飽受支氣管炎、肺結核的困擾②；美國洛杉磯在20世紀40年代爆發了光化學污染③；日本也在20世紀60年代爆發了四市哮喘病、富士山痛病等④，這些問題引起了全球的廣泛重視。氣候異常災害、沙塵暴、物種滅絕速度加快等問題不僅影響了世界經濟的發展，也威脅著人類的生存。環境污染以及保護問題在全球範圍內受到關注和重視。全球範圍內第一次以保護環境為主題的會議於1972年在斯德哥爾摩召開，並公布了《聯合國人類環境會議宣言》⑤。1972年10月，聯合國大會討論通過了人類環境會議建議，將每年的6月5日確定為「世界環境日」，呼籲全球人民關注環境保護問題。

中國科學院副院長丁仲禮在接受柴靜採訪被問及什麼才是公平的減排方案時，表達了其對於近年來呼籲拯救地球的看法⑥。依他的觀點，環境保護，歸根究柢是人類拯救自己的手段。姑且不論地球是否需要人類拯救，環境保護卻是實實在在與人類的存亡緊密聯繫在一起的。世界環境與發展委員會在1987年公布了一份報告，這份報告對全世界都產生了重要影響。該報告以《我們共同的未來》為題啟迪我們展開關於人類未來的思考，正式提出了「可持續發展」的戰略，也提出保護環境的根本目的在於確保人類的持續存在和持續

---

① 1948年10月，美國賓夕法尼亞州多諾拉霧霾污染事件，兩天內造成20人死亡，7,000人致病。

② 1952年12月4日至9日，倫敦茶霧事件，據英國官方的統計，在大霧持續的5天時間裡喪生者達5,000多人，是20世紀十大環境公害事件之一。

③ 1943年洛杉磯光化學茶霧事件是指，洛杉磯城市上空出現了一種彌漫天空的淺藍色茶霧，使整座城市上空變得渾濁不清。這種茶霧使人眼睛發紅、咽喉疼痛、呼吸憋悶、頭昏、頭痛。

④ 20世紀50年代，富士山痛病公害事件，主要是日本富士山當地居民長期食用由含有重金屬的工業廢水灌溉生產的大米引起的。

⑤ 《聯合國人類環境會議宣言》又稱《斯德哥爾摩人類環境會議宣言》，簡稱《人類環境宣言》，1972年6月16日由聯合國人類環境會議全體會議於斯德哥爾摩通過。該宣言是這次會議的主要成果，闡明了與會國和國際組織所取得的七點共同看法和二十六項原則，以鼓舞和指導世界各國人民保護和改善人類環境。

⑥ 2010年中國科學院副院長丁仲禮在《面對面》節目中接受柴靜採訪時表示：「我是地質學家，我研究幾億年以來的環境氣候演化，對此我很樂觀，這不是人類拯救地球的問題，是人類拯救自己的問題，跟拯救地球是沒有關係的，地球用不著你拯救，地球比現在再高十幾度的時候有的是，地球二氧化碳的濃度比現在高10倍的時候有的是，地球還不是這麼演化過來了。毀滅的只是物種，毀滅的是人類自己。所以是人類如何拯救人類，不是人類如何拯救地球。」

發展。可持續發展是一個需要全球共同參與的事業。1993 年，中國政府制定了《中國 21 世紀議程》，指出中國在未來的發展中必然是以可持續發展之路為第一選擇，這也是中國發展的必然選擇。

可持續發展理論對傳統經濟學也帶來了衝擊。可持續發展的戰略使我們意識到，地球的資源和環境的承載力是有限的，繼續採用過去那種粗放型的經濟增長模式是對人類後代發展能力的一種剝奪，國民生產總值是從宏觀角度衡量經濟增長性的關鍵指標，但是這個指標中並沒有考慮到因為經濟增長而帶來的環境污染和資源的過度消耗等問題，這種經濟增長指標所衡量的經濟增長是不可持續的。「可持續發展」提出 30 年來，經濟學也基於可持續發展理論得到了進一步的發展。如諸大建（2013）指出，經濟學對可持續發展的理論思考出現了兩種不同的發展方向：一為以匹谷稅和科斯定律等處理資源問題的理論與方法為基礎的經濟增長研究範式效率意義上的改進（Pearce et al., 1989; Pezzey et al., 2002; Neumayer, 2003）；二為以系統解決人類社會從經濟增長至福利提高為基本問題，從生態系統對經濟系統的包含性關係入手的對於新古典經濟學理論與方法的變革性的思考（Ayres, 2008; Levin et al., 2010）。

實現可持續發展必須依靠社會公眾和社會團體的認同、支持和參與，每個個體在創造物質財富的同時也在消耗著資源，企業個體也是如此。國民經濟的健康運行離不開企業，企業是經濟運行的載體，企業的經營對社會發展至關重要。在可持續發展理論中，企業的發展必須與環境保護和資源節約相適應，要兼顧經濟利益和環境效益。可持續發展概念對企業承擔的社會責任提出了更高的要求。由於近年來環境問題日益嚴峻，以與自然和諧共處為原則的環境責任被單獨提出來，成為與企業經濟責任並列的概念。企業綜合報告作為企業信息披露的載體和手段，企業有責任和義務對有關環境與發展的決策進行披露，而社會公眾也需要對此過程進行監督，如此方能保證實現社會的可持續發展。

## 2.6 三重底線理論

三重底線理論是在可持續發展理論和利益相關者理論的基礎上延伸而來的。英國學者約翰・埃爾金頓在 1997 年第一次提出了三重底線理論的概念。他提出如果企業能夠將經濟責任、環境責任和社會責任的實現統一在一起，那麼就能夠實現可持續發展，這三者即三重底線。這裡的經濟責任就是大家所說的傳統的企業責任，表現為企業能夠按規定繳納稅費、提升利潤、進行股東分

紅等；環境責任就是企業必須承擔一定的環境保護和污染治理責任；社會責任就是與其他社會利益相關者相關的責任。

目前，不管企業規模如何，為了更好地經營都必須及時調整企業的經營策略，保證企業向著可持續發展的道路邁進。企業都在努力尋求一條適合自身的可持續發展道路，也越來越重視環境的保護和資源的節約，與此同時，企業不斷加大員工福利方面的投入，也承擔起了一定的社會責任和公共建設責任。企業更加重視對社會和環境的影響，用更加務實的態度來面對可持續發展帶來的潛在利潤。杜邦公司、強生公司以及福特公司都是不斷實現可持續發展的典型企業，他們以自身情況為基礎，建立一套適合自身發展的可持續發展戰略，其中包括社會責任、經濟責任和環境責任，並在公司經營發展的過程中，踐行可持續發展的承諾，堅持可持續發展的方向。

綜上所述，在新的可持續發展觀念的影響下，企業披露的信息需要更綜合地反應其在經濟、環境和社會責任等方面的所作所為，因而綜合報告成為傳遞這些信息的一個良好的平臺和載體。三重底線理論也成為本書建立綜合報告指標體系框架時所遵循的重要原則之一。

## 2.7 系統論

系統思維方式已經提出了一段時間。在古希臘時期，思想家亞里士多德就提出了系統的總體功能必然大於部分功能的和，但是直到20世紀40年代系統理論才逐漸興起。在此之前，科學家的思維方式主要受到拉普拉斯決定論和經典力學機械理論的影響。美國著名生物學家貝塔朗菲在1973年提出，過去一段時間內科學家做的事就是分解整體，瞭解每一個部分的規則，然後在此基礎上確定和預測未來的發展方向，例如可以將物理現象逐層分解到粒子運動，生命體活動可以分解為細胞活動等。但是，利用這種思維方式並沒有辦法處理複雜的社會活動和經濟活動。所以，貝塔朗菲創立了一般系統論。

貝塔朗菲認為，世間存在一種一般化系統，或者說存在系統的子模型、定律及原理，這些一般化系統、子模型、定律及原理和系統構成元素的性質、元素之間的關係等沒有關聯。系統是由若干部分組合而成的，這些部分是相互作用或者相互依賴的，系統是一個統一的有機整體。系統論觀點認為系統的整體功能不是部分功能的簡單合成，系統還具有部分不具備的整體特性。

根據上文的分析，企業是不同的個體按照一定的契約關係組成的一個法律

實體，企業行為從本質上來說就是一個組合體的均衡行為，利益相關者就是這組契約關係的主體，他們彼此不同並且可能發生衝突（陳宏輝 等，2003）。從系統層面來看，企業是開放的，從市場輸入資本、信息以及勞動力，通過生產技術與經營管理的有機結合，將各種要素轉換成產品、勞務和信息向產品市場輸出。企業發展的過程，本質上來說就是一個不斷與外界交換物質和能量的過程。而企業報告作為企業向各利益相關者展示企業運行狀態的媒介，也不能脫離系統論的指導。這便強調了企業在報告中進行信息披露時，要注意不同信息之間的連通性，孤立地披露財務信息和環境責任、其他社會責任等非財務信息是無法完整、全面地反應企業的內在價值及運行狀況的，2008 年的金融危機也從側面印證了這一點。企業可以獨立出具社會責任報告、企業財務報告以及可持續發展報告等，從披露信息的角度來看，實際上已經滿足了企業的各類利益相關者的信息需求，但獨立的多份報告無法使報告的使用者對企業的發展形成一個清晰的認知，無法從中發現企業潛在的風險。因此，企業報告在進行信息披露時，需要以系統論為指導，以綜合、整體的思維來揭示不同信息之間的關聯，以期令信息使用者構建關於企業戰略、商業模式、公司治理以及財務、環境、社會責任績效的完整、全面、清晰的認知。

綜上所述，「企業不同類型的綜合信息應如何披露」這一問題直到近年來才受到學術界和實務界的關注。2000—2014 年 GRI 共計發布了四代《可持續發展報告指南》，不斷健全企業社會責任、環境責任等非財務信息的披露機制。但是企業在發布非財務信息時往往採用多種報告形式單獨發布，從而造成了很多信息的冗餘，使得報告的使用者無法有效地利用企業的信息，無法對企業形成全面的認知。系統論為解決這一問題提供了思路。系統論認為，整體功能大於各部分功能，這便要求企業以整體的、綜合性的思維對企業信息進行披露，注重不同信息之間的關聯性。系統論為企業綜合報告的產生提供了重要的理論基礎，綜合報告並不僅僅局限於對財務信息、社會責任、環境責任等進行單獨報告，還全面整合了企業的財務信息、社會責任和戰略風險等非財務信息。

本章從理論層面驗證了企業採用綜合報告這一新型報告模式的必要性。委託代理理論為企業報告的出現提供了支撐：信息不對稱條件下，企業需要編製報表、披露信息，向資本提供者展示企業的運行與發展狀態。隨著社會責任理論的發展，企業報告提供的內容從狹義的財務信息逐漸擴展到廣義的人力資源信息、環境信息、公司治理信息以及社會關係信息等，因此要求企業報告內容從過往僅僅報告財務信息轉變為財務信息與非財務信息均報告，披露企業如何

利用各類資本為企業創造價值。更重要的是，企業報告需要以系統論為指導，強調信息的連通性，以整體的、綜合性的思維來考慮各類資本對企業發展運行的影響，體現企業的財務信息、環境信息、公司治理等各種不同信息之間的關聯性，如此方能清晰、全面地反應企業的內在價值及可能存在的風險，這便是企業綜合報告所期望達到的目標及內涵所在。由此看來，企業實施綜合報告的必要性不言而喻。

# 3 文獻綜述

　　現有的企業報告體系經歷了財務報告、非財務報告、綜合報告的演進歷程，因此本章按企業報告體系的發展脈絡，主要圍繞財務報告、非財務報告和綜合報告的現有研究成果進行文獻梳理。具體來看，本書對財務報告的相關研究主要從中國和國外對於現行財務報告的局限性分析和改進方法來梳理；對非財務報告的國內外研究現狀從各類非財務報告的出現、現有非財務報告的不足和改進方法幾個方面進行文獻回顧。綜合報告的相關文獻梳理包括企業綜合報告內涵與外延的界定、指標框架的選取與度量、發布企業綜合報告的必要性、企業綜合報告的影響因素以及其實施效果五個部分的內容。本章在梳理現有研究文獻的基礎上，對其進行簡要評述，為後文的進一步研究提供理論參考。

## 3.1　財務報告研究現狀

### 3.1.1　國外研究現狀

　　在企業報告體系的歷史發展中，財務報告是最早出現的報告形式，最早的模式是財務報表的復式簿記，隨著財務報表外延和內涵的不斷拓展，相關人員在其中增加了報表附註和其他的財務披露信息，財務報告隨之形成。財務報告的分析是伴隨著財務報表的分析而產生的，公認的說法是財務報表分析始於19世紀末至20世紀初期的美國，最初的分析是為了適應債權人的需要，提供有關企業償債能力的信息。之後為了適應外部投資者的需求，企業需要向投資者提供有關企業盈利能力的整體財務狀況的信息。財務信息對企業的重要性不言而喻，也使得財務報告受到了多方的關注，其影響範圍不斷擴大，披露的內容也不斷豐富。隨著財務報告分析的發展，圍繞企業的償債能力、資產營運能力、盈利能力和發展能力產生了以比率分析、結構分析、趨勢分析為主的財務分析方法，並形成了以「報表結構分析—報表項目分析—財務比率分析」為

主的財務分析模式，但這種分析模式僅就「數字」論「數字」，沒有多大的經濟意義和管理決策作用（魏明海，1999），且過分重視財務比率的作用，忽視了以宏觀的、整體的觀點來對企業經營活動進行綜合分析（週日福源，2012）。雖然財務報告能反應企業的經營狀況，為各利益相關方提供所需的信息，但其還是具有歷史局限性。從 20 世紀 60 年代開始，國外學者對此進行了卓有成效的研究，他們認為在工業時代僅反應財務信息就可以基本滿足報告使用者的需求，但在知識經濟時代，財務報告反應的信息遠遠不能滿足發展的需要（Kaplan et al., 1992）。其主要原因是財務報告是以歷史成本信息和財務信息為主的，沒有考慮環境對企業的影響，沒有反應企業的社會責任業績。因此，在企業和社會可持續發展理論的要求下，單純的財務信息既無法完整反應企業的經營狀況，也在很多方面存在缺陷。

Krishna 等（1996）在傳統財務報告報表分析的基礎上增加了戰略分析，包括行業分析和競爭戰略分析，其分析體系則分為戰略分析、會計分析、財務分析和前景分析四個部分。這個框架的重點是在進行戰略分析的前提下對其他各項進行分析，即在一個宏觀背景下對企業各個要素進行分析，而不是進行單純的要素分析，克服了單純進行要素分析的片面性。1994 年，美國註冊會計師協會（AICPA）發表了一篇題為《改進企業報告——著眼於用戶》的研究報告，將可持續發展理念和財務信息有效整合，在企業報告中首次提出了非財務信息的內容，披露的內容受到極大的關注。隨後，Wallman（1996，1997）也提出了五個層次的「彩色報告」模式，認為財務報告不應該是非黑即白的模式，因為財務報告對企業軟資產，如人力資本、智力資本未能進行恰當的確認與計量，嚴重影響了財務報告的及時性和可預測性。因此，為滿足利益相關者的訴求，迫切需要發展靈活多變的財務報告模式，並對智力資本、人力資本、企業面臨的不確定和風險、非貨幣計量信息等內容都進行披露。Erich A. Helfert（1997）則將財務報告分析框架拓展性地分為經營業務分析、投資決策分析、籌資決策分析、企業價值評估四個部分，論證了企業經營過程、決策相關因素及財務報表分析之間的相互關係。Upton（2001）通過對財務報告的研究發現投資者需要的信息和企業能提供的信息存在巨大差距，並建議在企業財務報告中應該包括更多的非財務信息等內容，對企業信息的披露由傳統的「向後看」轉變為「向前看」。隨著非財務信息涵蓋內容和範圍的延伸，其重要性日益凸顯。因此，為滿足不同利益相關者需求的非財務報告產生了，企業報告體系得到了進一步的發展。2002 年，全球報告倡議組織（GRI）發布了《可持續發展報告指引》，首次提出了將企業可持續發展報告與財務報告同時

發布的設想。至此，反應「可持續發展理念」的非財務信息在報告體系中披露的內容逐漸完善和規範。企業報告不僅包括對財務信息的披露，還包括對非財務信息的披露。

### 3.1.2 中國研究現狀

中國學者對構建財務分析體系的研究始於 20 世紀末，魏明海（1999）總結出財務分析應分為五個主要方面，即分析企業所處行業特徵、企業所採取的戰略、優化財務報表、財務報表分析、評價決策有效性。李心合（2006）在討論其他分析框架的基礎上，認為擴展財務分析框架需轉換財務分析視角，主張在財務分析過程中加入價值創造、經營戰略、價值鏈和生態化等因素。因此，他提出擴展後的財務分析框架應以公司價值及其創造為目標，以戰略分析為起點，以價值驅動因素分析和價值源泉分析為主體。此後，中國會計學者就改進財務報告模式進行了大量研究。葛家澍（2001，2002）通過對財務報告的分析指出應該打破傳統單一的貨幣計量模式，對企業價值、持續經營能力和核心競爭力等信息採用非貨幣計量的模式。宋永春（2007）認為現行財務報告體系中存在對非財務信息、企業未來持續經營能力信息披露不足的問題，更進一步提出了通過增設財務報表的部分內容和社會責任報告的內容來實現對現行財務報告體系的改進。餘新培（2006）通過對財務報告體系的分析，提出了財務報告體系改進的整體思路。此外，黃曉波（2007）提出隨著新經濟形態的出現，企業資本不僅包括財務資本，還包括人力資本、生態資本等廣義資本，由此構建了基於廣義資本的財務報告體系。財務報告的改進離不開會計環境和信息需求者、使用者的變化。對此，任月君（2010）分析了財務報告改進的動因，並進一步提出了有助於反應企業真實價值能力的財務報告改進建議。在信息披露方面，吳水澎（2002）認為財務報告內容披露應該兼顧表內披露和表外披露、貨幣計量和非貨幣計量。此外，陳少華和葛家澍（2006）從投資者進行決策所需要的非財務信息的披露、鼓勵自願披露等九個方面提出了財務報告信息披露的改進措施。

## 3.2 非財務報告研究現狀

### 3.2.1 國外研究現狀

在國外，伴隨著對現行財務報告體系的不斷質疑和反思，眾多專家學者很

早就提出並開始對非財務信息和非財務信息披露等相關問題進行研究。1988年，國際會計與報告專家組發表了題為《編製財務報告的目的與概念》，其中明確指出，公司財務報告必須提供非財務信息，並且其內容應該符合相關性原則，企業報告的有用性則通常體現在相關性、可靠性、可比性和可理解性等方面能夠滿足信息使用者的需要，幫助使用者做出正確決策。1991年，美國註冊會計師協會委派Jenkins對財務報表的改進進行實證研究，得出了企業應該披露更多非財務信息的結論，具體內容包括未來計劃、面臨的機遇與風險、關鍵流程等。隨後，該協會在2001年又發表了題為《改進財務報告：提高自願信息披露》的研究報告，並成立了專門進行非財務信息披露研究的學術研究委員會。該委員會在研究中指出，非財務績效指標有助於預測未來財務業績，對企業權益也有價值。1994年，美國註冊會計師協會指出目前財務報告中的會計信息失去了相關性且存在嚴重不完整等問題，並對使用者的信息關注不足，也缺乏對社會業績的反應。同年，該協會在《改進企業報告——著眼於用戶》中提出，企業應該在財務報告中向公眾披露更多的非財務信息，以滿足使用者的需要。Meek G. K., Roberts C. B. 和 Gray S. J.（1995）歸納了歐洲大陸國家上市公司自願披露的信息類型，分別是公司戰略信息、擴展性財務信息和非財務信息。該研究還總結了非財務信息的具體內容和指標，並特別強調了非財務信息的重要性。Robert H.（1997）主張用「四尺度」標準評價公司業績，這四個尺度分別是質量、作業時間、資源利用和人力資源開發，並指出應該將質量、時間和人力資源等非財務指標引入公司的業績評價系統。Robert S. K. 和 David P. N.（1996）在前人研究的基礎上提出了平衡計分卡這一業績評價系統，指出非財務信息包括企業經營業績說明、企業發展趨勢、顧客滿意度等，並強調非財務信息是財務信息的補充說明，是對企業未來發展情況的預測。1997年，澳大利亞特許會計師協會發表了《報告非財務信息》，其中提到廣義的非財務信息應該是除財務報表和相關附註以外的所有信息，包括敘述性的和量化的非財務信息。同年，英國在其公司法中對企業的財務報告做出強制性披露環境信息的要求，日本證券監管部門也提出了類似的要求。1998年，安永會計師事務所提出將40種非財務信息分為八大類別，分別是管理層質量，新產品開發，市場狀況，公司文化，薪酬政策，與投資者的交流，產品、服務質量，以及顧客滿意度。通過實證研究，安永發現非財務信息在投資者評價公司價值時起著重要的作用，利益相關者也越來越重視企業披露的非財務信息，這為非財務信息披露的研究提出了有力的證據。Sean W. G. Robb, Louise E. S. 和 Marilyn T. Z.（2001）在前人的研究基礎上，綜合考慮信息使

用者對非財務信息各類指標的需求，將非財務信息劃分為公司環境信息、戰略和管理信息、生產信息以及公司發展趨勢信息。Andy Neely，Chris Adams 和 Mike Kennerley（2003）指出財務信息主要是對企業過去年度經營狀況的回顧，而非財務信息除了對過去的總結，更重要的是對企業未來發展趨勢的預期和展望，能夠幫助使用者針對企業未來發展狀況做出正確判斷。2007 年，美國證券交易委員會發布 S-K 規程，其中對強制披露的非財務信息做出了具體規定，主要內容包括經營說明、普通股的市價與紅利、管理部門的討論與分析、會計師的變更與意見、管理人員的薪酬、關聯方交易與關係、收益的使用，以及董事薪酬。

### 3.2.2 中國研究現狀

中國對非財務報告信息披露的研究主要從環境保護信息、社會責任信息以及公司治理信息這三個維度展開。在環境保護信息披露維度方面，有學者認為，充分、及時與可靠的環境信息披露將有助於提高社會對企業的評價及公眾對企業的信心，使得企業出現正的環境商譽，從而提高企業的價值（鄒立 等，2006）。田翠香（2010）指出企業自願披露環境信息，用以表明企業的環境意識和對環境保護的貢獻，並以此作為自身的競爭策略。如果資本市場的定價機制能夠發揮作用，企業所披露的環境績效的優劣便會對企業價值產生直接影響。從社會責任信息披露維度分析，有學者指出，中國的投資者對企業社會責任信息披露日益重視，其重要性也日益凸現，這將會影響到企業價值（沈洪濤 等，2008）。由於企業的眾多利益相關者都能對企業價值產生影響，只有那些積極履行社會責任並披露社會責任信息的企業才能獲得眾多利益相關者的認可，才能實現可持續發展（李莎 等，2009）。從公司治理信息披露維度分析，目前國內外大量的研究成果都已經證實，良好的公司治理會使企業價值最大化（白重恩 等，2005；南開大學公司治理評價課題組，2003、2004、2006）。完善的公司治理能夠理順各種委託代理關係，保障企業決策的科學性，從而實現企業價值的最大化。而公司治理信息的披露則進一步促進了公司治理，一般來說，公司治理信息披露、公司治理結構與企業價值之間存在正向的依存關係。

## 3.3 綜合報告研究現狀

非財務報告的發展一方面完善了企業報告的理論和實踐；另一方面，非財

務信息的披露仍存在著很多亟待解決的重要問題，而且各種財務與非財務報告的獨立出現導致了各報告之間的內容重複、信息冗餘問題較為突出，尤其是一些關鍵信息得不到有效整合。這不僅降低了企業報告的決策有效性，也加大了企業報告的編製成本，增加了報告使用者在閱讀和理解報告方面的困難，反而造成重要信息容易被忽視。因此，「綜合報告」應運而生。

### 3.3.1 企業綜合報告的內涵與外延界定

Jeyaretnam 和 Niblock-Siddle（2008）最早提出了「綜合報告」的理念，認為通過將企業在環境、社會和治理等方面的信息融入財務信息中，整合成一份綜合性報告，可以清楚、完整地向讀者展示企業是如何運行的。Lewis（2010）認為綜合報告不僅是市場的工具，還提供了真實可靠的信息，肯定了綜合報告提供多元信息的重要性[1]。Eccles（2011）認為，綜合報告從表面上理解就是將企業的財務績效和非財務績效融合成單一報告，實質是為了展示企業是如何為股東和其他利益相關者創造價值的[2]。Bramvijck（2012）指出，企業為了降低溝通成本，應當將 CSR 報告和智力資本報告編製成綜合報告。因為綜合報告將促使這些企業對自身的行為和財務表現持更積極的態度，所以它的發展可被視為商業企業的額外價值[3]。Brian Ballou 等（2012）認為綜合報告需要將可持續理念融入公司商業戰略中，他們也指出綜合報告可以也應該以使用公司網站的不同利益相關者進行信息交流為目的，戰略是綜合報告的重要內容[4]。而 Cristiano Busco，Mark L. Frigo 等（2013）的觀點著重提出價值的持續創造，認為綜合報告是將各具特色的財務與非財務信息融合在一起的基石，是反應持續性價值創造的工具[5]。

---

[1] LEWIS S, COUNSEL. Learning from BP's「Sustainable」Self-Portraits: From「Integrated Spin」toIntegrated Reporting [C] The Landscape of Integrated Reporting Reflections and Next Steps, 2010: 58-71.

[2] ECCLES B C, DANIELA S. The Landscape of Integrated Reporting Reflections and Next Steps [M]. Massachusetts: The President and Fellows of Harvard College, 2010: 33-37.

[3] BRANWIJCK D. Corporate Social Responsibility Intellectual Capital Integrated Reporting? [J]. The Proceeding of the European Conference on intellectual capital, 2012 (8): 75-85.

[4] BALLOU B, CASEY R J, GRENIER J, et al. Exploring the strategic Integration of Sustainability Initiatives: Opportunities for Accounting Research [J]. Accounting Horizons, 2012 (26): 265-288.

[5] BUSCO C, FRIGO M L, QUATTRONE P, et al. Redefining Corporate Accountability through Integrated Reporting: What happens when values and value creation meet? [J]. Strategic Finance, 2013 (8): 33-42.

國際綜合報告委員會（IIRC）在其最初給出的定義中指出，發布綜合報告的主要目的是向利益相關者以及其他報告信息需求者有效解釋企業價值創造的過程。這些從報告信息中獲益的利益相關者包括企業員工、客戶、供應商、業務合作夥伴、相關立法機構、監管機構和政策制定者。2013 年年末，國際綜合報告委員會正式發布了《國際綜合報告框架》。該框架中進一步定義了綜合報告的概念，認為綜合報告是「在既定外部環境背景下，反應企業戰略、治理、績效和前景在短期、中期和長期價值創造中如何協調溝通的簡要文件」。該概念強調了綜合報告的核心，旨在向利益相關者解釋企業如何實現短期、中期和長期價值創造，實現資本可持續性發展，這也是綜合報告不同於其他報告的最大特點。在其概念看來，綜合報告是一份簡要文件，是緊密聯繫的各個內容要素的整合，滿足降低報告複雜度、提高要素間聯繫的後金融危機時代的需求。它並不是簡單地將現有的財務報告、環境報告、可持續性報告、社會責任報告等財務與非財務報告雜糅在一起，而是協調其他報告，考慮信息的連通性等原則，運用整合思想權衡機構戰略、治理、績效和前景內容間相互依賴、相互聯繫的關係。該框架指出，綜合報告的基本概念中包括六類資本——財務資本、製造資本、智力資本、人力資本、社會與關係資本以及自然資本，企業需要綜合考慮涵蓋所有流程的價值創造。企業應該以原則為導向來編製綜合報告。根據該框架，綜合報告有七項指導原則，分別是注重戰略和面向未來、信息連貫性、利益相關者關係、重要性、簡練、可靠性和完整性、一致性和可比性。綜合報告有八項內容：企業概述和外部環境、公司治理信息、商業模式刻畫、風險和機遇描述、戰略和資源配置、績效管理信息、前景展望、編製和列報基礎。

### 3.3.2 企業綜合報告指標框架的選取與度量

由於企業綜合報告需要披露較為豐富的內容要素，因而選取恰當的指標進行度量，並建立統一的指標框架就顯得尤為必要。Bridwell（2011）基於企業聲譽理論對綜合報告的內容框架進行探究，把綜合報告作為公司建立聲譽的重要工具。他首先闡述了綜合報告下企業聲譽的新內涵和價值，隨後，從構成企業聲譽的六個方面——財務業績、產品質量、員工關係、社區參與、環境表現、組織事務分別論述綜合報告所涉及的內容並據此來構建報告框架。Heaps（2012）則構建了融入 ESG 因素的投資模型，從投資者的角度闡釋了綜合信息的價值，發現資本市場日益增加的複雜性對投資者將 ESG 信息的分析融入財務分析中提出了更高的要求，而綜合信息體系能夠展示企業現在的決定和行為

在長期內能產生的後果，並將經濟與社會、環境價值聯繫起來闡述組織的決策、管理和運行模式之間的關係，同時分析在整條價值鏈中，重要的財務與非財務機會、風險和表現之間的關係。Charles（2012）詳細解讀了 Philips 公司 2011 年整合財務信息和非財務信息的年度報告，列舉整合過程中遇到的主要困難，並描述了該公司採取的克服方法。通過分析該公司連續三年在資本市場的表現以及道瓊斯可持續發展指數的變化，認為綜合報告將促使企業對自身的行為和財務表現持更準確的態度，可為企業帶來額外的價值。Rochlin 和 Grant（2013）提出了「責任競爭力」的概念，即將企業的相關政策、激勵機制、戰略和行動進行有機組合，從整體層面上處理環境、社會、經濟以及治理問題，促進可持續的市場增長。他們將綜合報告的框架建立在此概念之上，在企業整體發展戰略上涵蓋更多可持續發展的議題，並將這些議題與企業的經營模式聯繫起來，分析企業的「責任競爭力」，從而促進「責任生產力」的釋放，使企業在短期收益與長期增長之間取得平衡。Jonathon H. 和 Louise G.（2011）也指出高質量的可持續報告和綜合報告主要取決於準確的數據收集和對數據的理解。會計師擁有的專業技術與能力發揮著關鍵作用，像財務披露一樣，綜合報告應該展示公正性，並同時培育內部和外部的道德行為[①]。Chariotte Villiers（2014）指出一份詳盡的綜合報告不可能面面俱到，否則雖然能夠極大限度地滿足利益相關各方的要求，卻會因此降低報告的可讀性；而一份過於簡單的報告則可能無法提供利益相關方所需的所有信息，最終無法實現發布綜合報告所要達到的目的。因此，應對綜合報告的形式與信息確認、計量進行深入研究[②]。

目前中國在這方面的研究較少，蔡海靜（2011）基於可持續發展背景以及國外現有的 ESG 報告框架，通過理論探索和實證檢驗，提出了將 FESG 四維報告作為企業整合報告基本形式的觀點，並運用問卷調查及 AHP 層次分析法初步構建了 FESG 報告框架，依據中國企業和資本市場的發展現狀，驗證了該框架與企業價值的相關性。高輝（2014）根據國際綜合報告委員會試點項目中眾多企業所披露的關鍵定量指標，結合中國資本市場發展情況，設計了反應企業經濟績效、環境績效和社會績效的總績效信息披露框架。

---

[①] JONATHON H, LOUISE G. Integrated Reporting: lessons from the South African experience [R]. The World Bank, 2012.
[②] VILLIERS C. Reporting: aninstitutionalist approach [J]. Business Strategy and the Environment, 2012, 21 (5): 299-316.

### 3.3.3 發布企業綜合報告的必要性研究

綜合報告的出現不是偶然的,是社會責任信息披露發展的必然結果,背後是綜合企業經濟、社會、環境因素,創造可持續價值的經營和決策的綜合思想的共同作用,這意味著涵蓋財務、公司治理、環境、社會責任、未來發展前景等信息的綜合報告已經成為中國企業報告發展的必經之路。沈夢姣、戚麗杏 (2013) 的研究也對這個觀點表示支持,她們通過收集和整理全球 23 家會計職業團體的年度報告,發現在 22 份報告中就有 5 份綜合報告,認為綜合報告是國際上最新發展的報告形式,會計職業團體應對報告形式的發展起到引領作用[1]。關正雄 (2013) 親歷在阿姆斯特丹舉行的 2013 年國際報告標準化組織 G4 發表會議,發現該會議的一個主題即 G4 與綜合報告的關係研究,指明國際會議對綜合報告的最新要求,到 2020 年,各國的綜合報告會普及化。通過對報告的 SWOT 分析,宋長廷進一步指出綜合報告可能會成為未來企業報告的主流[2]。

目前,中國已有不少企業發布了企業社會責任 (CSR) 報告,但都是獨立的社會責任報告,還未有企業對外披露綜合的年度報告 (沈洪濤,2012)[3]。綜合報告無論是理論層面還是實踐層面在中國都處於初步探索階段。在橫向層面上,汪祥耀 (2012) 對綜合報告的理論研究和實踐,以及國際發展動態等進行了分析;在縱向層面上,蔡海靜 (2014) 對綜合報告的發展歷程進行了系統歸納,並指出非財務信息的形式和內容的多樣性推動了綜合報告的發展[4]。汪祥耀 (2012) 運用 SWOT 分析法,對企業在知識經濟時代發展綜合報告的優勢與劣勢、機遇和挑戰分別進行了分析。張鮮華 (2012) 認為企業綜合報告有助於推動企業建立責任競爭力的戰略,有助於建立平衡的績效評估體系和增強投資者對企業的信心,並且有利於利益相關方的參與[5]。針對中國的

---

[1] 沈夢姣,戚麗杏. 國際會計職業團體對外報告的最新進展及分析 [J]. 中國註冊會計師,2013 (9):115-119.

[2] 關正雄. 信息披露改變世界:親歷 GRI 阿姆斯特丹大會 G4 發布 [J]. 經濟導刊,2013 (6):39-40.

[3] 沈洪濤. 綜合報告:社會責任信息與財務信息的融合 [J]. WTO 經濟導刊,2012 (5):68-69.

[4] 蔡海靜. 全球會計改革視角下中國企業整合報告實踐前景 [J]. 財務與會計,2014 (3):30-32.

[5] 張鮮華. 基於可持續發展的企業年度報告研究 [J]. 西北民族大學學報 (哲學社會科學版),2012 (3):99-104.

國情，李瓊娟（2012）分析了在中國發展綜合報告的前景①。

蔡海靜和汪祥耀（2013）以南非約翰內斯堡證券交易所的400家上市公司為樣本，通過將實施綜合報告前後財務與非財務信息與企業價值的相關性進行對比，分析了綜合報告的實施是否能夠影響企業的價值。他們的研究結果表明，綜合報告制度實施前，南非證券市場上的投資者對財務信息的決策依賴程度呈現輕微下降趨勢，非財務信息與股價的聯繫呈現出較低的水準；而當正式實施綜合報告後，上述下降的趨勢開始減緩。與此同時，非財務信息對股價的解釋能力較之前有所提升，這就支持了「整合後的報告信息將發揮更強決策有用性」的觀點。

綜合報告的特點決定了其研究的方法主要是規範研究，經過多年的發展，其理論研究取得了豐碩成果。蔡海靜（2011）從財務、環境、責任和治理四個維度構建了企業綜合報告的關鍵指標，並運用上市公司的數據對製造業等行業的綜合報告披露與企業價值進行了實證研究②。更進一步地，蔡海靜等（2013）基於南非上市公司的經驗數據分析了綜合報告與提升企業價值之間的相關性③。此外，袁子琪和沈洪濤（2011）運用案例研究的方法分析了Novo Nordisk公司2009年度綜合報告框架，並進一步提出了對中國實施綜合報告的建議和意見④。

### 3.3.4 企業綜合報告的影響因素

Jensen（2012）以制度經濟學為理論基礎提出了影響企業年度報告的因素，研究發現，選擇綜合報告的公司與選擇獨立可持續發展報告的公司在宏觀制度層面上存在不少差別，尤其是在法律（主要是勞動法、公司法）、市場競爭的強度及公平程度、公司承擔民族責任的程度以及民族價值觀等方面，並檢驗了這些因素的決定作用⑤。

Zimmerman（2014）通過分析五個國家——巴西、法國、馬來西亞、南非和瑞典——的環境、社會和公司治理信息披露情況，研究了政府授權的不同方

---

① 李瓊娟，苑澤明. 中電控股有限公司的綜合報告實踐與啟示 [J]. 2014（12）：40-42.
② 蔡海靜. 企業整合報告：國際經驗與中國借鑑 [J]. 財務與會計，2011（12）：34-36.
③ 蔡海靜，汪祥耀. 實施整合報告能夠提高信息的價值相關性 [J]. 會計研究，2013（1）：35-40.
④ 袁子琪，沈洪濤. Novo Nordisk公司的綜合報告實踐及對中國的啟示 [J]. 財務與會計，2011（4）：73-74.
⑤ JENSEN. Two Worlds Collide-One World to Emerge. Harvard Business Review，2012（15）：15-26.

式、股票交易的不同要求以及企業主導的各項信息披露在數量及質量上的差異，分析了證券交易所、政府等監管機構在推動綜合報告採用中所起的作用①。

Lee（2013）從澳大利亞和法國分別選取了150家公司作為研究對象，分析在兩個監管制度存在差異的國家中綜合報告的披露水準是否有所不同。結果顯示，法國公司的披露水準更高。其原因在於法國將 The Grenelle II Act 融入財務報告中，強制要求從2012年起將綜合報告應用於5,000人以上規模的大公司和幾百個國有公司中。她強調了會計界、投資界和學術界必須採用「強制的政治手段」。但她同時指出，監管本身並不夠，監管者推動只是一個方面，更多需要的是社會回應的過程②。Haboucha（2013）提出「道德情景」，從經濟倫理學的角度強調了企業應更好地履行社會責任，例如針對特定的利益相關者提供更詳細的信息、提高參與度以及互動程度、通過數據公開增強公司報告能力和增加自身報告形式的靈活性等行為的道德作用，將綜合報告與好的城市居民形象聯繫在一起③。

Miller Perkins（2013）以案例研究的方式關注公司的員工在推動綜合報告體系建設中的作用，認為「綜合報告通過提高員工在報告中的參與程度，增強其對組織系統的理解能力。並且，對公司的願景和過程瞭解越深入，員工認可自己工作並為組織達到願景的可能性越大，而他們在工作中的參與也將增加對自己的貢獻的認可度」④。Parrot（2014）對 Stock Land 公司使用網站與利益相關者之間的互動進行案例分析後指出，公司應該更專注於自身未來的利益而不是目前的處境，為投資者和其他利益相關者更公開、信任地進行相互瞭解和參與提供更廣闊的空間，並發掘潛在的利益使得各方感到滿意，產生出人意料的創造性的後果⑤。

Hopwood、Robert 和 Fries 在他們的調查結論中指出，綜合報告信息的本質是幫助管理者確定由缺乏可持續性導致的各個層面（不僅是經濟層面）的潛

---

① ZIMMERMAN. The Role of Stock Exchanges in Expediting the Global Adoption of Integrated Reporting [J]. The Accounting Review, 2014（9）: 109-120.

② LEE. Push, Nudge or Take Control: An Integrated Approach to Integrated Reporting [J]. The Accounting Review, 2013（9）: 152-158.

③ HABOUCHA. Engagement as True Conversation [J]. Journal of Law, Economics and Organization, 2013（21）: 369-415.

④ PERKINS M. Integrated Reporting and the Collaborative Community: Creating Trust through the Collective Conversation [J]. Journal of Law, Economics and Organization, 2014（22）: 366-413.

⑤ PARROT. Engagement as True Conversation [J]. Journal of Law, Economics and Organization, 2013（21）: 369-415.

在風險，如丟失市場份額、企業聲譽以及公眾的信任，從而喪失競爭力，不再得到投資等①。Jensen（2012）以制度經濟學為支撐，檢驗了綜合報告的潛在決定因素，結果顯示發布綜合報告的公司與發布傳統可持續發展報告的公司在若干影響因素上存在差別。特別地，投資者和雇員保護法律、市場競爭的強度、所有權集中度、經濟、環境和社會發展水準、公司承擔民族責任的程度以及民族價值觀等被證明與企業發布綜合報告密切相關②。

### 3.3.5 企業綜合報告的實施效果

袁子琪、沈洪濤（2011）從 Novo Nordisk 公司的可持續發展戰略、綜合報告的框架及內容、綜合報告的編製標準及報告審驗、綜合報告的披露模式、綜合報告效果五個方面進行了詳細的陳述，結合中國現行社會責任報告的不足提出中國報告改進的措施，指出 XBRL 與 Web 2.0 技術將成為企業披露綜合報告的新方法。

尹開國、汪瑩瑩、高鳴尉（2014）探討了美國聯合技術公司 UTC 2011 年年度財務報告及其績效報告的理念、動機、框架、內容等五個方面，認為傳統的財務報告等已經不能滿足利益相關者的信息需求，而中國綜合報告的開展可以借鑑 UTC 的成功經驗。

尹衡（2014）對綜合報告的概念、指導原則、具體內容等進行分析，並以框架為基礎描述了 SAP 公司綜合報告的經驗，提出中國可以在思維、制度、技術等方面進行優化。案例分析在綜合報告研究上的廣泛應用與中國綜合報告踐行的實際狀況分不開，作為中國唯一一家入選國際綜合報告試點項目的企業，以中電控股為對象的案例分析必不可少：張樂、苑澤明（2014）從中電控股綜合報告的戰略、框架、內容、編製標準與審驗、披露及效果等方面著手研究；楊孫蕾、毛園紅（2014）則從框架與具體內容兩個方面對比了中電控股和 Terna 公司的綜合報告……通過對中國綜合報告的研究，以期能夠幫助中國綜合報告實踐的進一步開展。在其他實證方法的應用上，蔡海靜博士的研究最具有代表性，其中影響較大的觀點有：其一，《基於可持續發展理念的企業整合報告研究》（2011）一文在關注 IIRC 和世界各國研究動態的基礎上，通過理論探索和實證檢驗，首創性地提出了以 FESG（財務、環境、社會責任及公

---

① CHARLOTTE V. Integrated Reporting for Sustainable Companies：What to Encourage and What to Avoid [J]. European Company Law，2014，11（2）：117-120.

② RICHENS J. The Changing Face of Corporate Reporting [J]. Environmental Data Services ENDS，2012（452）：30-33.

司治理信息）四維報告為企業綜合報告基本形式的觀點，並運用問卷調查和 AHP 層次分析法構建了 FESG 報告的初步框架，建議企業更為關注可持續發展和價值創造能力等戰略問題；其二，蔡海靜在《實施整合報告能夠提高信息的價值相關性》（2013）一文中構建了模型，研究 2010 年南非強制實施綜合報告後的市場反應結果，通過對綜合報告實施前後信息價值相關性變化的考察，檢驗了綜合報告的實施是否對企業價值產生影響。實證結果說明在綜合報告實施後，非財務信息對股價的解釋力度有所提升，可以彌補財務信息價值相關性下降的趨勢。

## 3.4 文獻評述

在綜合報告的研究方面，在可持續發展理念被日益重視的大環境下，理論界和實務界都已經充分認識到現行財務報告無法真實反應企業的價值創造過程，企業綜合報告逐漸替代財務報告、非財務報告甚至企業報告而成為一種新的報告模式。「綜合報告」是 2010 年提出的，國內外學者對企業綜合報告的發展歷程、綜合報告出現的歷史必然性、綜合報告的特徵和制度形成、企業綜合報告的框架構建以及綜合報告實現的路徑選擇等方面進行了系統全面的分析，為企業綜合報告的後續研究奠定了良好的基礎。但是，在綜合報告框架構建方面，雖然 IIRC 在 2011 年發布了討論稿，並在 2013 年發布了綜合報告框架中文版，與此同時中國學者也在構建綜合報告框架方面做了理論研究，但目前仍沒有一個完整的綜合報告編製模式能夠清晰地從原則、內容、結構、指標等方面指導中國企業編製綜合報告。鑑於此，本書希望在綜合報告指標體系框架構建方面做出有益探索，以期提高綜合報告實施的可行性。

從目前的形勢來看，綜合報告的推廣並非一朝一夕就能完成。在可預見的未來，不同類型的財務及非財務報告，包括價值報告、環境報告、無形資產報告、社會責任報告、綜合報告等多種模式將會同時出現在實務之中。因此，如何建立整合各類信息的技術平臺及相關管理體系，建立不同類型非財務報告的可比機制，使非財務報告信息口徑一致，保證財務報告與各種非財務報告的信息一致，不讓報告使用者混淆，提高決策價值，也是未來需要重點解決的難題。

# 4 企業綜合報告及價值相關性的國際借鑑與啟示

　　2010年，國際綜合報告委員會（IIRC）誕生，該組織提出將各種非財務信息與財務信息相互融合，這種新穎的編製報告方法就是綜合報告的基礎框架，它能夠對企業的發展戰略、公司治理、經營成效、發展趨勢及各種內外環境因素提供更為精確的解釋。總體來說，綜合報告的目的就是使各方信息對稱，為企業發展打通、拓寬信息傳遞渠道，使得利益相關方與外部投資者能夠全面、系統地瞭解企業的營運狀況與未來的風險。

　　但實際上，市場經濟活動在信息傳遞上並不是沒有障礙的，這也是其鮮明的特徵。前文提到，「不同主體之間通過一系列隱性和顯性的約定，這種基於契約的複雜聯繫使各個個體組成了一個完整實體，同時它又具有法律上的獨立性，這種實體就叫作企業」，Jensen 和 Meckling（1976）認為這種約定從本質上看與委託代理並無差異。構成這種關係的個體不局限於企業與政府、企業與債務人，這裡企業角色就由法人轉變為債權人。企業的營運者也不可避免地與其他個體產生了聯繫，比如與投資者、員工之間。由於信息披露和傳遞過程不及時，企業外部的利益關聯者得到的有用信息遠遠少於內部人員，正是這種矛盾的存在，導致內外部人員的委託關係出現不可調和的矛盾。委託代理理論認為，信息披露制度是緩解委託代理問題的重要途徑（王德禄 等，2009），市場要求上市公司信息披露的主要目的，就是為了保護外部的利益關聯方，從根本上解決內外信息的不對稱性。

　　儘管綜合報告理論發展迅速，但實際上這種新穎的報告模式是否能夠將信息及時準確地傳遞給利益相關各方，這個問題還是無法驗證。假設不採用綜合報告的企業相關方獲得的信息比採用了綜合報告的企業更加對稱，綜合報告的發佈並不能提高企業的信息披露質量、不能使市場對企業有更全面清晰的認知，那麼對綜合報告的體系構建研究便不具備意義及必要性。

　　企業會計信息在價值方面的關聯性會受限於企業信息環境的完善流暢程

度，這是在以往的研究中得到了證明的（李琴 等，2008；陳繼初，2012），企業信息環境也會影響企業管理者的盈餘管理行為（Dye，1988；Schipper，1989）。因此，本章借鑑國際上發布了綜合報告的企業的先進經驗，以國際綜合報告委員會官方網站上發布綜合報告的兩百多家企業公布的綜合報告（IR Reporter）中的日本上市企業為樣本，調查研究綜合報告這一新興的報告模式對企業和利益關聯方之間信息的對稱程度能夠產生多大影響。第一次將研究的方向定位在縱向對比綜合報告發布前後同一企業會計信息價值關聯性，以及橫向對比綜合報告發布與否對於不同企業價值影響的差異性，是本書的創新點之一。

## 4.1　企業綜合報告概念的界定

綜合報告的相關研究主要從「綜合」和「價值」兩個概念對企業綜合報告這一概念進行界定。如 Eccles（2011）的研究中，將綜合報告定義為綜合了企業財務績效信息與非財務績效信息的單一報告，以展現企業經營活動與利益相關者價值創造的整體過程。Richens（2012）的研究中，則將企業綜合報告定義為，通過展示企業經營策略、業績與發展前景以展現企業在商業、社會與環境方面價值創造的過程。

本書研究的主體「綜合報告」是一種存在於企業整個生存發展週期中的，並且受到一系列外部環境影響的精煉報告，作為企業價值創造的信息傳遞導索從側面反應企業的效益水準、發展架構、發展戰略、發展前景和創造價值的過程。這種價值創造不是孤立的，它是由多個利益相關方相互作用、相互影響而形成的。

綜合報告的本質是企業向內外部各類利益相關者進行綜合信息披露的一種媒介，旨在降低企業與利益相關方之間的信息不對稱程度，使得利益相關方與外部投資者能夠全面、系統地瞭解企業的營運狀況與未來的風險。

### 4.1.1　綜合報告與財務報告的關係

從本質上來說綜合報告還是一種財務報告，這就不可避免地要把財務信息放在關鍵的位置。它的首要任務就是為資本流動提供指向型參考。企業有責任及義務向財務資本提供者解釋及說明其所提供的資本的用途及資本的收益。相較於傳統的財務報告，綜合報告的外延更為寬泛，不僅注重財務資本的信息披

露，也注重商業環境、風險等企業戰略前瞻性的信息及環境保護等社會責任信息的披露，這是歷史前進、時代發展的需求。綜合報告中財務信息的重要性不言而喻，但是缺乏一個統一的準則和指標，使得國內外綜合報告中的財務信息披露還處於五花八門、參差不齊的狀態。

### 4.1.2 綜合報告與非財務報告的關係

目前，國際上的非財務報告這一新興企業報告的發展凝聚了眾多大型國際組織的力量，他們陸續制定並頒布了相應的非財務報告指南，其他國際組織諸如財務會計準則委員會（Financial Accounting Standards Board，FASB）、國際會計準則理事會（International Accounting Standards Board，IASB）、國際公共部門會計準則委員會（International Public Sector Accounting Standards Board，IPSASB）、國際標準化組織（International Organization for Standardization，ISO）、可持續會計準則委員會（Sustainability Accounting Standards Board，SASB）等也都極大地推動了企業非財務報告進程的發展。到2013年，國際綜合報告委員會（International Integrated Reporting Council，IIRC）發布了《綜合報告框架指南IRF》。針對非財務報告中最為重要的社會責任報告和可持續發展報告，國際標準化組織（ISO）和全球報告倡議組織（GRI）分別做出了明確指示，它們制定了《社會責任報告指南ISO26000》和《可持續發展報告指南》等文件來對其加以引導，保證這些非財務報告編製的準確性、統一性和完善性。SA8000雖然也是社會責任範疇的重要國際標準，但是它實際上覆蓋了社會、環境的道德責任標準，更多地用於國際社會責任報告的第三方審核、認證。

綜合報告與社會責任報告、可持續發展報告的異同如下：

(1) 共同點

綜合報告框架的提出借鑑了各報告流派的成功經驗，因此，本書將從三者的共同點出發進行分析。雖然社會責任報告、可持續發展報告和綜合報告某些比較項目在ISO26000、G4、IRF中的表述上有些許不同，但是大致類似，具體有：

第一，G4與ISO26000都主張企業在披露可持續發展報告和社會責任報告時要保持獨立性，並且不給予任何限制，這是本質上形式與方式的轉變，具體表現就是披露報告或不披露報告，對於不披露報告並沒有其他規定。但是，在《綜合報告框架指南IRF》中，綜合報告的方式與形式則有了較大的突破，《綜合報告框架指南IRF》希望機構自願披露，如果不能披露的話可以解釋不披露的原因，也即報告或解釋原則。而目前對於非財務報告的要求，國際上通

常的做法是自願報告即可，並沒有要求解釋，這可以說是報告上的一個很大的跨越，能夠使得機構與利益關聯方兩者形成更大限度的信任。至於形式上，可能受綜合報告仍處於剛開始興起階段的影響，《綜合報告框架指南IRF》對初期報告的要求較為寬鬆，或獨立報告，或融入其他報告中，鑒於前文對報告趨勢的歷史進程分析，本書認為獨立報告或是最終的發展趨勢。

第二，在報告媒介方面，三項指引對報告的建議都是可紙質、可網頁形式，除此之外，社會責任報告甚至可以採用與利益相關方會談、發布公開信等方式，這就意味著社會責任指南並沒有強制編製社會責任書面報告，企業受到的外界環境帶來的壓力隨著企業社會責任的履行逐漸減小。同時，三份報告的利益相關者範圍廣泛，紙質檔報告傳播方面有較大的限制，再者21世紀網絡盛行，報告信息化是大勢所趨，傳播媒介的多樣化與標準化能很好地加大利益相關方的溝通，綜合報告通過網絡和大數據等形式傳播順應了時代要求。

第三，在報告使用者方面，三項指引均明確指明報告的使用者為利益相關方，這主要是考慮到如今環境、社會、經濟等各方面快速發展，企業並不是一個封閉的個體，而是受到各個利益相關者的影響，甚至與之無利益關係的個體也或多或少地影響到企業。但是由於各報告的性質不一致，因此在利益相關方的進一步明確上存在細小差異，例如綜合報告的利益相關者傾向於關心機構價值創造，社會責任報告與可持續發展報告的使用者都是企業的利益相關方，卻在關注點上表現出很大區別，前者的使用者強調企業的社會責任，而後者的使用者往往更加重視企業的長遠發展，他們既可能是如投資者、債權人等特定組織成員，也可能是如人類後代、野生動物等無法組織起來的團體。

（2）不同點

綜合報告框架的提出是以各報告流派為基礎進行整合、創新而來的，因此，綜合報告必然有其獨特之處。綜合報告在報告目標、報告定義、編製方法、指導原則、資本、內容等方面都有了突破性的進展，以下僅就編製方法、指導原則、記載內容方面進行詳細分析：

第一，在編製方法方面，可持續發展報告指南最大的特點是構建了一套完整的指標評價體系，以指標為導向指引報告編製，其起始時間遠早於ISO26000和IRF，已然形成可持續發展報告指南系列（G1-G4），指標體系日臻完善，以社會責任報告和可持續發展報告為主體的非財務報告在編製過程中逐漸顯露出不可或缺的重要性，成為第三方鑒證的重要衡量指標。ISO26000則對每一項核心主題的原則、需考慮的問題等詳盡描述，附錄中還列示了自願性社會責任倡議清單，一定程度上限定了報告內容。綜合報告以原則為導向進

行編製，並沒有規定披露關鍵績效指標、計量方法和個別事項，考慮到了編製人員的主觀能動性，在滿足機構間可比性信息需求的前提下，允許機構在一些特定情況下可以有較大的自我選擇空間，正是這種選擇空間的極度自由性，保證了報告內容既符合各項規則，也兼具了多變性。

第二，在指導原則方面，社會責任報告原則將擔責列為首位，可見其對責任方面的注重，其後又增加了道德、行為、人權等原則，指導原則整體偏向人文關懷；可持續發展報告原則分為內容界定原則與質量界定原則，這與可持續發展報告指南的另一重要作用密不可分，其是非財務報告審計、鑒證的重要依據，著重突出報告質量，內容原則上特別提出可持續性。由於綜合報告需要將財務、非財務信息串聯、整合起來，因此綜合報告與其他兩者在指導原則上最大的不同是提出了信息連通性，這個原則是與綜合報告的整合思想直接掛勾並正向相關的。畢馬威（KPMG）在 2014 年 9 月的最新調查報告《企業行為：投資者想要知道哪些？來自綜合報告的強有力研究》中著重指出了企業報告要素間信息連通的重要性，指出 87% 的調查對象認為機構戰略、風險、關鍵指標（KPI）以及財務信息間清晰的聯繫脈絡對其分析非常有幫助。

第三，在記載內容方面，企業組織當之無愧地成為社會責任報告的重點，折射出的責任就是對外部環境和社會發展持續關注；可持續發展報告是揭露組織經濟、環境、社會和治理績效正面以及負面溝通情況的重要平臺，內容在社會責任範疇上增添經濟、治理績效表現；綜合報告則兼具了非財務報告和財務報告的大量重要信息，而可持續發展報告和社會責任報告就是這種報告模式的組成部分，使企業信息披露展現出新的發展態勢。三者在內容範疇上存在著隱形的遞進關係。綜合報告的內容擴充較多，但是注重整合思想，將多份財務與非財務報告內容進行濃縮，摒棄非關聯的冗餘信息，務必精簡且滿足利益相關方需求，其最終結果必然促使報告成本效益最優化。

## 4.2　國際企業綜合報告框架

目前國際上比較流行和相對統一的企業綜合報告框架是由國際綜合報告委員會所擬定和發布的《國際綜合報告框架》。該框架針對未來企業報告模式構建了一整套指導原則和相關內容板塊，這些原則和內容板塊的有機結合構成了當前多數企業編製綜合報告的綱領。2014 年 5 月 14 日，《國際綜合報告框架》中文版頒布，以六大類資本、七條原則、八個內容板塊為主要內容，重點通過

「綜合思維」方式探討和關注如何提高利益相關者從其中獲取信息的質量和效率，其核心在於企業如何通過內外部環境、與利益相關者的關係以及各類資源的合理利用來持續創造價值。

### 4.2.1 《國際綜合報告框架》的基本概念

（1）企業不僅為股東創造價值。國際綜合報告委員會認為企業持續創造價值表現為企業運用各類資本進行商業運作，使得企業產出增加，從而為企業自身、其他各方創造價值。企業之所以關注其他各方的利益，是因為其他各方的利益與企業自身利益之間是相互關聯的。從長期來看，持續的價值創造是由企業在不同時期，通過投入各類資本的不同比例以實現各方利益主體的利益訴求，因此企業長期而言不可能將價值創造僅僅局限於某一類資本的最大化而輕視其他資本對價值創造的重要性。

（2）資本概念。《國際綜合報告框架》將企業所能夠運用的資源主要分為財務資本、製造資本、智力資本、人力資本、社會關係資本、自然資本六大類。這裡的資本指的是一種價值存量的概念，企業在運作過程中，各類資本以及資本內部之間會產生價值的流動，從而實現總體上的價值最大化。具體而言，財務資本即金融資本，是指通過內外部融資或者經營收益形成的可以用於進行生產活動的資金池。製造資本是指企業在生產過程中所使用的各種有形的資本，比如生產設備、建築物等固定資產，以及道路、橋樑等基礎設施。智力資本指的是企業基於知識和技術的無形資本，比如專利、版權等各種知識產權等。人力資本包括員工的能力、經驗、忠誠度甚至價值觀等。社會關係資本是指企業與外部社區和其他利益群體之間的關係或者制度，包括共同的社會規範、企業品牌聲譽、經營許可等。自然資本是指企業所使用的自然環境資源，比如空氣、水、土地、礦產等。

（3）企業價值創造過程。《國際綜合報告框架》將企業價值創造過程定義為在外部環境約束和公司治理層的監督下，企業利用金融、人力、自然等資本的投入，通過企業特有的商業模式進行各種商業活動以得到相應的產出，並將產出轉化為新的資本，用以投入未來的價值創造當中，即開啟新一輪價值創造的循環。而綜合報告能夠完整而清晰地描述企業創造價值的過程。

### 4.2.2 《國際綜合報告框架》的指導原則

由於全球對企業綜合報告的編製都處於探索階段，因此國際綜合報告委員會當下並未給出一個具體的綜合報告編製模板，而是給出了七條編製準則和八

個主要內容板塊,讓企業以編製原則為指引,單獨或者綜合運用這些原則,結合企業所在行業特點以及自身特殊性來編製綜合報告。七條編製原則分別為:

(1) 戰略及前景原則。企業發布的綜合報告應該詳細說明公司的戰略、如何運用各類資本在短期、中期、長期創造價值,以及重要資本的持續可得性等對價值創造能力的提高等問題。

(2) 信息連通原則。由於綜合報告嵌入了綜合性思維,因此企業綜合報告應該表述企業各類關鍵要素之間的關聯性和依賴關係,從而形成一張從整體上反應企業商業活動的關鍵要素的概覽圖。

(3) 利益相關者原則。企業綜合報告應該披露企業與各方利益相關者的關係性質和質量,以及企業在什麼程度上考慮並回應利益相關者的訴求。

(4) 重要性原則。綜合報告應該披露對企業價值創造有實質性影響的各種事件信息,還要包括如何確定重要性流程、如何識別重要事項以及如何評估重要性程度等問題。

(5) 簡練原則。綜合報告在編製時應該綜合考慮企業各方面信息,同時簡明扼要地披露這些信息,避免信息冗餘,這需要企業在簡明性和綜合性之間做出合理抉擇。

(6) 可靠性和完整性原則。綜合報告應該保證企業披露正負面信息的平衡,無重大信息隱瞞或信息錯誤,即保證綜合報告信息披露的可靠性,還應該確保所有對企業價值創造能力有影響的重要信息及其詳盡水準和精確程度。

(7) 一致性和可比性原則。企業綜合報告的編製基礎應該前後一致,當企業對編製基礎做出重大變動時,應該詳細說明變動原因及其影響,同時由於每個企業綜合報告編製均有一定的差異,因此綜合報告披露的有關企業價值持續創造的重要信息應該在類似企業之間存在適當可比性,即在編製過程中盡量使用行業標準或者行業普遍使用的指標信息。

### 4.2.3 《國際綜合報告框架》的內容板塊

《國際綜合報告框架》將企業綜合報告的內容分為八個板塊,各板塊之間相互關聯而不相互排斥。具體內容和說明如表4-1所示。

表4-1 《國際綜合報告框架》內容板塊及其說明

| 內容板塊 | 說明 |
| --- | --- |
| 企業概述和外部環境 | 主要說明企業在怎樣的外部環境下從事怎樣的主營業務,即載明公司的結構、業務、市場、競爭、定位、文化等基本信息以及外部環境如何影響公司創造價值 |

表4-1(續)

| 內容板塊 | 說明 |
|---|---|
| 公司治理信息 | 主要說明公司的治理結構以及在公司的短期、中期、長期經營過程中治理結構如何支持公司價值的創造 |
| 商業模式刻畫 | 主要說明公司在短期、中期、長期運作過程中，如何通過商業活動將資本投入轉化為產出的過程 |
| 風險和機遇描述 | 主要描述公司當前以及未來各時期所面臨的關鍵性風險和機遇，這些風險和機遇將如何影響公司創造價值的能力以及公司應該採取什麼樣的措施來應對 |
| 戰略和資源配置 | 主要說明公司短期、中期、長期戰略目標，以及如何實現這些戰略目標 |
| 績效管理信息 | 主要說明公司在一段時期內（通常是一個報告期）自身的戰略目標實現的程度如何，以及公司各方面取得了哪些成果 |
| 前景展望 | 主要說明公司在執行戰略計劃時可能遇到的困難和挑戰，這些困難和挑戰帶來的不確定性對公司的商業模式和未來價值有何潛在意義 |
| 編製和列報基礎 | 主要說明公司編製綜合報告過程中如何確定報告項目的範圍，以及如何量化或評估這些項目 |

## 4.3 企業綜合報告的價值相關性：來自日本的實踐探索

在發布綜合報告的企業（IR reporters）中，以洲際來劃分企業的所屬區域，其中，非洲147家，歐洲89家[①]，亞洲104家[②]，大洋洲19家，北美11家，南美洲13家。由於蔡海靜和汪祥耀（2013）已經利用南非的數據做過經驗研究，我們對這部分企業不予考慮；大洋洲、北美洲、南美洲的企業樣本量太小，我們也不予考慮。歐洲和亞洲發布綜合報告的國家的企業數如表4-2所示。

---

① IR網站上標明歐洲的企業實際上有93家，但經過我們手動對比公司名稱，發現其中有3家南非企業，1家烏干達企業。
② IR網站上標明亞洲的企業實際上有107家，但經過我們手動對比公司名稱，發現其中有1家重複企業，1家南非企業，1家百慕大企業。

表 4-2　企業綜合報告發布國家　　　　　　　　單位：家

| 歐洲 | | | | 亞洲 | |
| --- | --- | --- | --- | --- | --- |
| 國家/地區 | 企業數 | 國家/地區 | 企業數 | 國家/地區 | 企業數 |
| 奧地利 | 1 | 盧森堡 | 1 | 中國 | 1 |
| 瑞士 | 2 | 荷蘭 | 7 | 中國香港 | 3 |
| 德國 | 2 | 波蘭 | 1 | 印度 | 1 |
| 丹麥 | 1 | 俄羅斯 | 1 | 日本 | 84 |
| 西班牙 | 11 | 瑞典 | 2 | 韓國 | 4 |
| 法國 | 3 | 土耳其 | 1 | 新加坡 | 2 |
| 義大利 | 7 | | | | |
| 英國 | 7 | | | | |
| 沒有對應的GVKEY的企業或無法識別 | | | 42 | 沒有對應的GVKEY的企業或無法識別 | 11 |
| 合計 | | | 89 | 合計 | 104 |

可以看到日本企業是最多的，共84家，其他國家或地區均為小樣本。因此，本書選取已經發布綜合報告的企業（IR reporters）中的日本企業作為研究對象。

以日本企業作為研究對象對構建中國綜合報告框架體系頗具借鑑意義。主要體現在以下三點：第一，倡導綜合報告的主要目的之一是希望通過綜合報告的發布使得企業與投資者之間的信息傳遞更加充分完全，降低企業與投資者之間的信息不對稱，從而保護外部投資者及利益相關者。過去的文獻研究發現（La Porta et al., 2000），海洋法系國家（如英美）對投資者保護比較好，而大陸法系（如日本）對投資者保護比較差，而中國和日本都屬於大陸法系國家。法律系統相似的情況下，研究日本企業發布綜合報告為企業帶來的價值變化或是其他變化可以提供更加乾淨、直接的證據。第二，綜合報告的主要特點是有機地整合了財務信息與非財務信息，非財務信息中包括了企業的戰略、風險、公司治理、環境等重要的方面。而日本企業在環境信息的披露方面一直領先於世界上其他國家和地區的企業。這得益於日本對企業在環境信息方面的披露上做了具體而詳盡的規定，包括披露內容與格式（胡曉玲，2012）。這一點值得中國學習。目前，在日本已有近百家企業相繼開展綜合報告實踐。2014年6月，日本首相安倍晉三在《日本振興計劃（JRS）》第三部分關於刺激經濟增

長的計劃中，認為日本經濟的復甦將會帶動投資、市場靈活性的增強，預示著未來幾年對公司治理的新要求，而綜合報告對於金融資本內外部理解與交流兩方面都至關重要、呼籲關注綜合報告輔助企業和投資者長期價值創造的方式。因而無論從企業層面還是國家層面，日本對於綜合報告的研究和實踐經驗都是相對深入和豐富的。第三，日本與中國一樣一直致力於與國計會計準則趨同。作為同屬亞洲的經濟大國，中國和日本在會計準則方面的交流與合作十分密切。中日韓三國會計準則制定機構會議便是其中一個交流與合作的平臺，該機構於 2016 年 10 月在日本東京召開了最近一次會議，就積極協調亞太地區會計準則制定機構組未來戰略發展達成了共識。因此，本書作者認為，日本的經驗十分值得我們研究與借鑑。

### 4.3.1 綜合報告與企業價值相關性：基於縱向對比的實證研究

本小節參考蔡海靜和汪祥耀（2013）的實證研究方法，以國際綜合報告委員會官方網站上的 IR Example database-IR reporters 當中的 77 家發布綜合報告的日本企業為樣本，檢驗了發布綜合報告前後，企業財務信息與股票價格的價值相關性是否有所變化，即本小節從發布綜合報告企業本身出發，從研究其本身發布綜合報告前後價值變化的縱向對比這個角度來做實證檢驗。

#### 4.3.1.1 研究假設

企業會計信息的價值相關性主要體現在會計信息的決策有用性上，即從理論上而言，企業發布的各項報告中的會計信息應與企業股票的價值或價格相關，會計信息的各種變化應在股票價值或價格中有所體現。通過研究股票價格和會計信息的內在聯繫，Ball 和 Brown（1968）第一次提出了「信息含量」理論。

企業的信息披露越是徹底，投資者掌握到的核心信息也就越全面，就越能準確預測股價。反之，投資者就很難甚至無法對股價做出評估。正是由於兩者的正向相關性，企業會計信息的價值也就得到了最為深刻的體現。而企業信息環境將直接決定會計信息的披露程度。朱凱、李琴和潘金鳳（2008）都不約而同地指出，在順暢的信息傳遞環境中盡可能地披露企業的所有信息是最能夠體現信息價值的，這種價值體現直接表現為股價預測的準確性。陳繼初（2012）的研究理論對這種內在的關聯性表示了進一步的肯定。

只有對所有非財務信息和財務信息進行研究分析提煉融合後的報告才能稱之為綜合報告，這樣的報告在信息披露方面更加準確和徹底，投資者可以從中獲得與企業相匹配的信息，這種平衡狀態不僅表現在信息數量上，在質量上也

非常對稱。通過研究南非的上市公司，蔡海靜和汪祥耀（2013）確定編製綜合報告對企業有著極其重大的影響，即使編製了綜合報告，不同的非財務信息披露程度影響股票定價的能力也有所不同。綜合報告使得各個企業財務狀況的差異能夠更好地被反應在股票價格的差異上。因此，我們預期，在企業發布綜合報告後，企業會計信息的價值相關性應有所提高，即企業發布綜合報告後，企業財務信息的變化能更好地解釋股票價格的變化。基於以上理論分析，本章提出以下假設：

H1：企業在發布綜合報告後企業會計信息價值相關性有所提高，企業的財務信息更容易被整合到股票價格中。

4.3.1.2 模型設計

日本沒有強制性要求日本企業必須發布綜合報告。但是綜合報告的運用在日本受到越來越多的重視。2015 年 6 月 4 日，IR 網站指出，日本經濟產業省（METI）發表了一份報告建議將綜合報告作為必要信息披露的手段，以促進公司和投資者之間更好地對話，提高企業價值創造能力，但其仍然沒有強制企業必須發布綜合報告。目前，日本企業發布綜合報告的行為均屬於自發性發布。筆者手動追溯了樣本公司過去發布的年報，以確認樣本企業開始發布綜合報告的年份。本書檢索了樣本公司過往的年報，將企業首次發布綜合報告的年份確認為綜合報告發布元年（IRyear=0），具體判斷標準是公司年報中首次出現以下相關的字樣或語句之一即視為企業綜合報告發布元年：①在當年的年報名稱中含有「integrate report」；②在年報的「editorial policy」中指出根據 IIRC 的標準制定年報；③在年報中提到「integrate financial information and non-financial information」。如表 4-3 所示，IRyear=0 表示首次發布綜合報告的財年，IRyear=1 表示首次發布綜合報告後的第 1 個財年，IRyear=-1 表示首次發布綜合報告的前 1 個財年，IRyear=-2 表示首次發布綜合報告的前 2 個財年。

表 4-3 綜合報告發布元年變量含義

| 變量值 | 含義 |
| --- | --- |
| IRyear=0 | 企業首次發布綜合報告的財年 |
| IRyear=1 | 企業首次發布綜合報告後的第 1 個財年 |
| IRyear=-1 | 企業首次發布綜合報告的前 1 個財年 |
| IRyear=-2 | 企業首次發布綜合報告的前 2 個財年 |

參考國內外的相關研究，本書採用 Easton（1985）提出的分解模型，比較

每股收益（$EPS_{i,t}$）和每股帳面價值變化（$EVPS_{i,t}$）對公司股價 $P_{i,t}$ 的影響，並參照 Naceur 等（2006）加入規模控制變量以控制規模效應對會計價值相關性的影響。具體的價格修正模型如下：

$$\frac{P_{i,t}}{P_{i,t-1}} = \alpha_0 + \alpha_1 \frac{EPS_{i,t}}{P_{i,t-1}} + \alpha_2 \frac{BVPS_{i,t}}{P_{i,t-1}} + \varepsilon_{i,t} \quad t = -2, -1, 0, 1; \quad (1) \text{ 對應 } Adj.\ R_1^2$$

$$\frac{P_{i,t}}{P_{i,t-1}} = \beta_0 + \beta_1 \frac{EPS_{i,t}}{P_{i,t-1}} + \varepsilon_{i,t} \quad t = -2, -1, 0, 1; \quad (2) \text{ 對應 } Adj.\ R_2^2$$

$$\frac{P_{i,t}}{P_{i,t-1}} = \gamma_0 + \gamma_1 \frac{EVPS_{i,t}}{P_{i,t-1}} + \varepsilon_{i,t} \quad t = -2, -1, 0, 1; \quad (3) \text{ 對應 } Adj.\ R_3^2$$

其中，$P_{i,t-1}$ 是參照 Naceur 等（2006）加入的規模控制變量。參考 Easton（1985）和 Collins 等（1997）的研究方法，模型（1）對應的調整擬合優度 $Adj.\ R_1^2$ 體現了財務信息作為一個整體的價值相關性，即整體對股票價格變化的解釋能力，它可被分解為三部分：①EPS 對股價的增量解釋能力；②BVPS 對股價的增量解釋能力；③EPS 與 BVPS 對股價的聯合增量解釋能力。具體見表 4-4。

表 4-4　模型分解

| 財務信息整體的價值相關性 | $Adj.\ R_1^2$ |
|---|---|
| EPS 對股價的增量解釋能力 | $Adj.\ R_{EPS}^2 = Adj.\ R_1^2 - Adj.\ R_2^2$ |
| BVPS 對股價的增量解釋能力 | $Adj.\ R_{EVPS}^2 = Adj.\ R_1^2 - Adj.\ R_3^2$ |
| EPS 與 BVPS 對股價的聯合增量解釋能力 | $Adj.\ R_{COMMON}^2 = Adj.\ R_2^2 - Adj.\ R_3^2 - Adj.\ R_1^2$ |

本節對樣本企業發布綜合報告前後的股價與財務數據分別按照迴歸模型（1）（2）（3）進行迴歸，進而考察每股收益（$EPS_{i,t}$）和每股帳面價值變化（$EVPS_{i,t}$）對公司股價 $P_{i,t}$ 的解釋能力的變化，即綜合報告前後迴歸模型調整擬合優度的變化。

#### 4.3.1.3　樣本選擇

本節選取了國際綜合報告委員會官方網站上的 IR Example database-IR reporters① 中的日本公司作為研究對象。

本書主要變量的數據來源於 WRDS-COMPUSTAT-Global 數據庫，受限於 WRDS-COMPUSTAT-Global 中的股價與財務數據可獲得性，最後進入樣本的企業有 77 家，發布綜合報告前 2 年 73 家，發布前一年 75 家，發布當年 77 家，發布後一年 77 家，觀測值總數為 302 個。

#### 4.3.1.4 實證檢驗

本實證檢驗部分首先通過計算樣本的描述統計量，觀察其統計數據的分佈特徵。表 4-5 報告了選取樣本的描述性統計，從標準差系數可以看出，加入規模效應調整變量 $P_{i,t-1}$ 後，$P_{i,t}/P_i$、$BVPS_{i,t}/P_i$、$EPS_{i,t}/P_{i,t-1}$ 的標準差均顯著下降，印證了價格修正模型的穩健性優勢。

表 4-5　主要變量的描述性統計

| 統計量 | $P_{i,t-1}$ | $EPS_i$ | $EVP_i$ | $P_{i,t}/P_i$ | $BVPS_{i,t}/P_i$ | $EPS_{i,t}/P_i$ |
|---|---|---|---|---|---|---|
| 觀測值 | 302 | 302 | 302 | 302 | 302 | 302 |
| 均值 | 3,721 | 281.4 | 2,947 | 1.098 | 0.051 | 0.957 |
| 標準差 | 30,590 | 3,206 | 27,675 | 0.337 | 0.078 | 0.446 |
| 標準差系數 | 8.221 | 11.393 | 9.391 | 0.307 | 1.529 | 0.466 |
| 最小值 | 145 | -326.3 | 169.7 | 0.007 | -0.502 | 0.005 |
| 25 分位數 | 647 | 28.56 | 521.5 | 0.894 | 0.034 | 0.636 |
| 中位數 | 1,459 | 74.42 | 1,165 | 1.078 | 0.057 | 0.916 |
| 75 分位數 | 2,477 | 151.3 | 1,941 | 1.294 | 0.080 | 1.213 |
| 最大值 | 536,000 | 58,116 | 502,202 | 2.954 | 0.292 | 2.535 |

為了進一步檢驗 IR 網站上 IR Reporter 中的日本企業發布綜合報告前後的股價被公司財務數據的解釋度是否發生顯著改變，本書分別對迴歸模型（1）（2）（3）進行估計。其中，IRyear = -2, -1, 0, 1 分別表示每個企業發布綜合報告的前 2 個財年，前 1 個財年，當個財年，後 1 個財年。由於每個企業開始發布綜合報告的年度可能不同，我們在迴歸模型中加入 Fiscal Year Dummies 來控制年度效應，也就是說，我們將所有樣本企業開始發布綜合報告的元年數

---

① 關於 integratedreporting.org 網站（以下簡稱「IR 網站」），IR 網站是 IIRC（國際綜合報告委員會）的官方網站，網站即時更新關於綜合報告研究與運用的最新進展，其下屬的 IR Example Database 收集了目前世界上各個國家中發布綜合報告的標杆企業的信息，並收集其中優秀的綜合報告，旨在為嘗試發布綜合報告的企業提供指導。

據作為模型的迴歸數據，發布前後 1 年以及發布前 2 年的數據也分別做迴歸檢驗。迴歸結果如表 4-6 所示，受篇幅限制，本書將其分為 Panel A 和 Panel B 分別展示。迴歸結果顯示，企業在發布綜合報告前後，每股收益（$EPS_{i,t}$）和每股帳面價值變化（$EVPS_{i,t}$）與公司股價 $P_{i,t}$ 均為顯著正向相關。縱向來看，從企業首次發布綜合報告前 2 個財年到發布後的 1 個財年（IRyear 從 -2 到 1），每個迴歸模型中的調整擬合優度在綜合報告首次發布前均有所降低，而發布後均有所提高，說明企業發布的綜合報告能夠增加對公司股價的解釋力度，能夠更加全面而有效地披露企業信息。

表 4-6　迴歸結果

| Panel A | IRyear = -2 綜合報告首次發布前 2 年 ||| IRyear = -1 綜合報告首次發布前 1 年 |||
|---|---|---|---|---|---|---|
| 變量 | $\frac{P_{i,t}}{P_{i,t-1}}$ | $\frac{P_{i,t}}{P_{i,t-1}}$ | $\frac{P_{i,t}}{P_{i,t-1}}$ | $\frac{P_{i,t}}{P_{i,t-1}}$ | $\frac{P_{i,t}}{P_{i,t-1}}$ | $\frac{P_{i,t}}{P_{i,t-1}}$ |
| $BVPS_{i,t}/P_{i,t-1}$ | 0.203** | 0.213** |  | 0.205** | 0.259*** |  |
|  | (2.405) | (2.436) |  | (2.589) | (3.564) |  |
| $BPS_{i,t}/P_{i,t-1}$ | 0.783** |  | 0.820** | 1.041 |  | 1.752*** |
|  | (2.546) |  | (2.577) | (1.603) |  | (2.859) |
| Constant | 0.668** | 0.708** | 0.814** | 1.010*** | 1.042*** | 0.457 |
|  | (2.206) | (2.249) | (2.649) | (3.306) | (3.381) | (1.446) |
| Observations | 73 | 73 | 73 | 75 | 75 | 75 |
| Adjusted R-squared | 0.268 | 0.207 | 0.215 | 0.250 | 0.232 | 0.186 |
| Panel B | IRyear = 0 綜合報告首次發布當年 ||| IRyear = 1 綜合報告首次發布後 1 年 |||
| 變量 | $\frac{P_{i,t}}{P_{i,t-1}}$ | $\frac{P_{i,t}}{P_{i,t-1}}$ | $\frac{P_{i,t}}{P_{i,t-1}}$ | $\frac{P_{i,t}}{P_{i,t-1}}$ | $\frac{P_{i,t}}{P_{i,t-1}}$ | $\frac{P_{i,t}}{P_{i,t-1}}$ |
| $BVPS_{i,t}/P_{i,t-1}$ | 0.164* | 0.248*** |  | 0.041 | 0.067 |  |
|  | (1.804) | (2.769) |  | (0.572) | (0.898) |  |
| $BPS_{i,t}/P_{i,t-1}$ | 1.992*** |  | 2.444*** | 1.413*** |  | 1.447*** |
|  | (2.699) |  | (3.465) | (2.976) |  | (3.085) |
| Constant | 0.831** | 0.863** | 0.858** | 0.819*** | 0.886*** | 0.853*** |

表4-6(續)

|  | (2.536) | (2.523) | (2.581) | (3.370) | (3.474) | (3.639) |
|---|---|---|---|---|---|---|
| Observations | 77 | 77 | 77 | 77 | 77 | 77 |
| Adjusted R-squared | 0.192 | 0.118 | 0.165 | 0.316 | 0.240 | 0.323 |

「\*\*\*」表示在0.01的水準上顯著;「\*\*」表示在0.05的水準上顯著;「\*」表示在0.1的水準上顯著。下同。

而要具體考察每股收益（$EPS_{i,t}$）和每股帳面價值變化（$EVPS_{i,t}$）對公司股價 $P_{i,t}$ 的解釋能力，還需考察發布綜合報告前後迴歸模型調整擬合優度的變化。表4-7總結了樣本企業在發布綜合報告前後價值迴歸模型調整擬合優度的變化。為便於直觀展示，本書將擬合優度變化趨勢製作成圖4-1。如圖4-1所示，在樣本企業發布綜合報告前，財務信息整體的價值相關性 Adj. $R_1^2$、每股收益（$EPS_{i,t}$）和每股帳面價值變化（$BVPS_{i,t}$）對股價的增量解釋能力 Adj. $R_{EPS}^2$、Adj. $R_{EVPS}^2$ 及每股收益和每股帳面價值變化對股價的聯合解釋能力 Adj. $R_{COMMON}^2$ 均逐年下降，說明在樣本企業發布綜合報告之前，投資者對財務信息的決策依賴程度已逐漸下降。這與我們的預期也是一致的，隨著經濟的發展，市場投資者不再滿足於單純的財務信息，非財務信息同樣也會影響到投資者的決策。而在樣本企業發布綜合報告後，財務信息整體的價值相關性 Adj. $R_1^2$、每股收益（$EPS_{i,t}$）和每股帳面價值變化（$BVPS_{i,t}$）對股價的增量解釋能力 Adj. $R_{EPS}^2$、Adj. $R_{BVPS}^2$ 及每股收益和每股帳面價值變化對股價的聯合解釋能力 Adj. $R_{COMMON}^2$ 均有所回升，進一步驗證了我們的預期，綜合報告將財務信息與非財務信息有機地整合在了一起，增加了財務信息的信息含量，提高了企業的信息披露質量，降低了企業與利益相關者之間的信息不對稱程度。

表4-7 樣本企業發布綜合報告前後價格修正模型的調整擬合優度

|  | IRYEAR=-2 | IRYEAR=-1 | IRYEAR=0 | IRYEAR=1 |
|---|---|---|---|---|
| Adj. $R_1^2$ | 0.268 | 0.25 | 0.192 | 0.316 |
| Adj. $R_2^2$ | 0.207 | 0.232 | 0.118 | 0.240 |
| Adj. $R_3^2$ | 0.215 | 0.186 | 0.165 | 0.323 |
| Adj. $R_{EPS}^2$ | 0.061 | 0.018 | 0.074 | 0.076 |
| Adj. $R_{EVPS}^2$ | 0.053 | 0.064 | 0.027 | -0.007 |
| Adj. $R_{COMMON}^2$ | 0.154 | 0.168 | 0.091 | 0.247 |

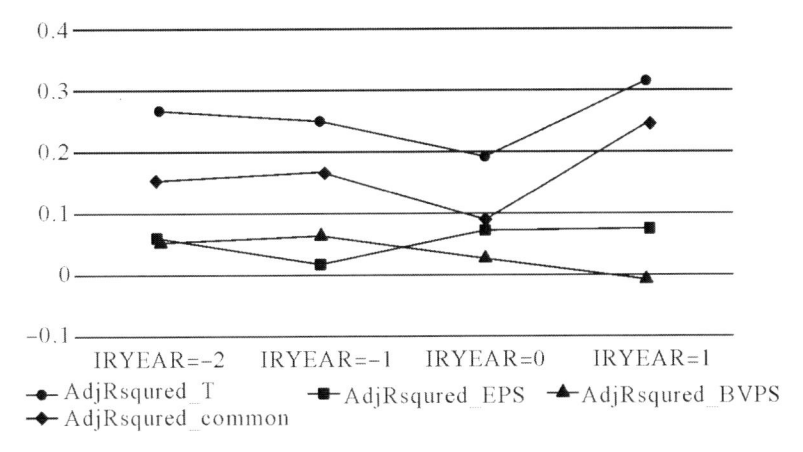

图 4-1　样本企业发布综合报告前后价格修正模型的调整拟合优度变化趋势

4.3.1.5　稳健性检验

本小节针对以上实证检验的结果讨论其稳健性，主要通过变换模型中的替代变量以及根据上市公司规模大小分组来进行稳健性检验。具体检验过程如下：

（1）根据公司规模分组检验

由于公司股票价格存在一定的规模效应，即公司规模大小可能影响股价走势，因此，在以上实证检验基础上，笔者继续采取根据公司规模分组的方式做稳健性检验。具体而言，将实证检验中 77 家已发布综合报告的企业样本根据规模大小进行分组，得到 31 家大规模企业，40 家小规模企业，余下 6 家超小规模企业。由于这 6 家企业规模与其他企业相差较大，而样本量又过小，笔者在做稳健性检验时忽略超小规模的企业样本。得到的实证结果如表 4-8 所示。从检验结果来看，每股收益（EPS）对股价变化的解释能力仍然显著，每股帐面价值变化（BVPS）对股价变化的解释能力并不显著，但是其符号与上一小节实证检验结果大体一致，我们仍然可以认为上述实证检验结果是稳健的。

表 4-8　分组稳健性检验结果

| Panel A | IRyear = −1<br>综合报告<br>首次发布前 1 年 | IRyear = 0<br>综合报告<br>首次发布当年 | IRyear = 1<br>综合报告<br>首次发布后 1 年 |
| --- | --- | --- | --- |
| 变量 | $\dfrac{P_{i,t}}{P_{i,t-1}}$ | $\dfrac{P_{i,t}}{P_{i,t-1}}$ | $\dfrac{P_{i,t}}{P_{i,t-1}}$ |

表4-8(續)

| Panel A | IRyear=-1 綜合報告首次發布前1年 | | IRyear=0 綜合報告首次發布當年 | | IRyear=1 綜合報告首次發布後1年 | |
|---|---|---|---|---|---|---|
| 分組 | 大規模 | 小規模 | 大規模 | 小規模 | 大規模 | 小規模 |
| $BVPS_{i,t}/P_{i,t-1}$ | 0.008 | 0.091 | 0.000 | 0.267 | 0.024 | -0.183 |
|  | (0.257) | (1.509) | (0.035) | (1.284) | (1.622) | (-1.434) |
| $BPS_{i,t}/P_{i,t-1}$ | 3.540*** | 3.285*** | 3.476*** | 5.776*** | 0.971** | 2.557** |
|  | (3.038) | (4.833) | (3.442) | (4.659) | (2.092) | (2.271) |
| Constant | 0.922*** | 0.989*** | 0.794*** | 0.874*** | 1.071*** | 0.998*** |
|  | (7.747) | (14.194) | (9.475) | (9.339) | (22.106) | (12.123) |
| Observations | 31 | 40 | 31 | 40 | 31 | 40 |
| Adjusted R-squared | 0.222,9 | 0.400,4 | 0.248,2 | 0.345,7 | 0.159,4 | 0.107,0 |

(2) 替代變量

在選取替代變量時，考慮到綜合報告的發布能夠提高社會對企業短中長期可持續發展的價值創造的認知，進而增加企業的短中長期價值。而對企業價值的度量，會計理論中常用托賓Q值、總資產利潤率（ROA）等指標替代。因此對於上節實證模型中的被解釋變量（價格修正後的股價），本小節分別用托賓Q值（Tq）以及總資產利潤率（ROA）替代，解釋變量用每股收益（EPS）以及帳面價值（BVPS）替代。檢驗結果如表4-9、表4-10所示。我們可以看到，每股收益（EPS）和每股帳面價值（BVPS）指標對於托賓Q值大體上存在顯著性，只有個別模型的係數不顯著。各模型調整的擬合優度在企業綜合報告發布後大致有一個提高，即在企業發布綜合報告之後各指標對其價值的解釋力度有一定回升，這與上一小節的實證結果一致，即上述實證檢驗結果是穩定可靠的。

表4-9 替代變量穩健性檢驗結果1

| Panel A | IRyear=-2 綜合報告首次發布前2年 | | | IRyear=-1 綜合報告首次發布前1年 | | |
|---|---|---|---|---|---|---|
| 變量 | Tq | Tq | | Tq | Tq | |
| BVPS/10,000 | -0.160*** |  | -0.001 | -0.214*** |  | -0.121* |
|  | (-2.969) |  | (-0.134) | (-3.205) |  | (-1.722) |

表4-9(續)

| | | | | | | |
|---|---|---|---|---|---|---|
| $BPS/1,000$ | 0.268*** | 0.000 | | 1.765*** | 1.312*** | |
| | (2.966) | (0.052) | | (4.176) | (3.092) | |
| Constant | 0.828*** | 0.775*** | 0.776*** | 0.782*** | 0.728*** | 0.884*** |
| | (18.473) | (17.862) | (17.818) | (15.278) | (14.139) | (17.682) |
| Observations | 71 | 71 | 71 | 71 | 71 | 71 |
| Adjusted R-squared | 0.088,8 | -0.014,5 | -0.014,2 | 0.214,5 | 0.109,0 | 0.027,3 |
| Panel B | IRyear=0 綜合報告首次發布當年 ||| IRyear=1 綜合報告首次發布後1年 |||
| 變量 | Tq | Tq | Tq | Tq | Tq | Tq |
| $BVPS/10,000$ | -0.116*** | | -0.097*** | -0.211*** | | -0.167** |
| | (-3.849) | | (-2.969) | (-3.219) | | (-2.283) |
| $BPS/1,000$ | 1.425*** | 1.192*** | | 2.107*** | 1.868*** | |
| | (3.869) | (2.993) | | (4.385) | (3.688) | |
| Constant | 0.799*** | 0.750*** | 0.897*** | 0.846*** | 0.757*** | 1.019*** |
| | (16.244) | (14.409) | (19.424) | (10.877) | (9.764) | (13.462) |
| Observations | 71 | 71 | 71 | 71 | 71 | 71 |
| Adjusted R-squared | 0.251,9 | 0.102,1 | 0.100,4 | 0.256,8 | 0.154,5 | 0.057,5 |

表4-10 替代變量穩健性檢驗結果2

| Panel A | IRyear=-2 綜合報告首次發布前2年 ||| IRyear=-1 綜合報告首次發布前1年 |||
|---|---|---|---|---|---|---|
| 變量 | ROA | ROA | ROA | ROA | ROA | ROA |
| $BVPS/10,000$ | -0.172*** | | -0.003,1 | -0.169*** | | -0.072 |
| | (-2.946) | | (-0.755) | (-3.647) | | (-1.320) |
| $BPS/1,000$ | 0.029*** | 0.001 | | 0.183*** | 0.148*** | |
| | (3.006) | (0.928) | | (6.259) | (4.926) | |
| Constant | 0.033*** | 0.027*** | 0.027*** | 0.025*** | 0.021*** | 0.036*** |
| | (6.750) | (5.776) | (5.733) | (7.056) | (5.716) | (9.186) |

表4-10(續)

| | | | | | | |
|---|---|---|---|---|---|---|
| Observations | 71 | 71 | 71 | 71 | 71 | 71 |
| Adjusted R-squared | 0.099 | -0.002 | -0.006 | 0.363 | 0.249 | 0.011 |
| Panel B | IRyear=0 綜合報告首次發布當年 ||| IRyear=1 綜合報告首次發布後1年 |||
| 變量 | ROA | ROA | ROA | ROA | ROA | ROA |
| BVPS/10,000 | -0.062*** (-3.597) | | -0.041* (-1.761) | -0.001*** (-4.256) | | -0.078* (-1.954) |
| BPS/1,000 | 0.16*** (7.594) | 0.147*** (6.554) | | 0.180*** (9.047) | 0.166*** (7.366) | |
| Constant | 0.023*** (8.124) | 0.020*** (6.876) | 0.034*** (10.421) | 0.024*** (7.402) | 0.019*** (5.760) | 0.039*** (9.367) |
| Observations | 71 | 71 | 71 | 71 | 71 | 71 |
| Adjusted R-squared | 0.467 | 0.375 | 0.029 | 0.561 | 0.432 | 0.039 |

### 4.3.2 綜合報告與企業價值相關性：基於橫向對比的實證研究

由於日本沒有強制要求所有企業均發布綜合報告，而是按照企業的發布意願自行發布綜合報告；因此，我們在上一小節驗證完企業發布綜合報告前後公司價值的變化（縱向對比）的基礎上，還可以繼續用已經發布綜合報告和從未發布綜合報告的企業的數據進行一個指標之間的差異比較（橫向對比），即本小節的重點在於加入從未發布過綜合報告的樣本企業，探索比較發布綜合報告和未發布綜合報告的企業之間的信息發布效果有何差異。

本小節主要針對本書4.3.1小節的縱向對比實證研究模型當中的各變量（在價格修正模型中的三個變量：價格修正後的股價、每股收益以及每股帳面價值變化），探究已經發布綜合報告企業和未發布綜合報告企業之間的指標差異性，即在盡量控制其他外部因素條件下，比較發布綜合報告企業和不發布綜合報告企業之間的差異，通過橫向比較分析，說明企業發布綜合報告能夠全面、客觀、充分地反應企業綜合信息，從而進一步證明企業綜合報告模式比現有企業報告模式更週日密和有效。

4.3.2.1 樣本選擇

本節討論的是綜合報告發布和不發布的企業之間各指標的差異性，因此，筆者首先選取本書4.3.1小節當中在國際綜合報告委員會官方網站上的IR Example database-IR reporters已經發布綜合報告的77家日本上市公司作為樣本。但是由於這77家公司中，大多數公司均在2012年到2013年這個時期才開始發布綜合報告，為了避免近期才開始發布綜合報告的企業數據對結果的影響，本節最終篩選了71家已經發布綜合報告兩年以上的企業作為樣本。筆者手工篩選後還選取了日本另外132家同行業且從未發布過綜合報告的上市公司一起作為樣本來進行比較分析。在選擇從未發布綜合報告企業樣本時，筆者主要考慮了公司所屬行業、公司規模、股價水準等多個因素，力求降低除了企業發布綜合報告與否的外部因素對上述三個指標差異性的影響，從而篩選出132家未發布過綜合報告的企業。

4.3.2.2 描述統計分析

本部分對篩選出來的未發布綜合報告企業與已發布綜合報告企業之間不同財年進行描述性統計分析，具體描述性統計表格如表4-11所示。從表4-11中我們可以發現，就發布綜合報告企業與未發布綜合報告企業的自身情況而言，每年都具有相同的特徵，因此，本小節以2015年的數據為基準進行分析和解釋，其他財年數據也可以得到相似結論。

首先，從三個變量（價格修正後的股價、每股收益以及每股帳面價值變化）的平均值來看，2015財年，從未發布綜合報告企業的三個指標的平均數分別是1.177、0.057,8和0.994，而發布了綜合報告的企業這三個指標平均值略低，分別是1.066,4、0.035,7和0.844。同理，從中位數角度看也有類似結論。也就是說，發布綜合報告與否對其指標均值影響不明顯。這是因為筆者在選擇樣本的時候綜合考慮了公司所在行業、公司規模、股價水準等多個角度，保證了篩選出來的未發布綜合報告企業與已發布綜合報告企業各指標數據之間具有可比性。

其次，從三個變量（價格修正後的股價、每股收益以及每股帳面價值變化）的標準差和極差情況來看，可以發現2015財年從未發布綜合報告的企業的三個變量指標的標準差（Std. Deviation = 0.673,35、0.097,17和0.974,41）顯著大於已發布綜合報告的企業標準差（Std. Deviation = 0.315,24、0.086,29和0.439,76）；2015財年從未發布綜合報告企業的3個變量指標的極差（R = 7.56、1.10和10.98）都顯著大於已經發布綜合報告的企業（R = 1.40、057和2.43），而且與2014財年的結果相似。其原因主要在於從未發布綜合報告

的企業有奇異值的影響，總體的穩定性較差導致股價產生較大波動，而發布綜合報告的企業總體經營穩定性更好。從另一個角度講，由於日本沒有強制性要求上市公司發布綜合報告，現有已發布綜合報告的企業是基於自願原則進行披露的。從實踐結果來看，已發布綜合報告的企業具有更加穩健的價值創造能力，而從未發布綜合報告的企業波動性較大。我們可以合理推測，正是由於沒有發布綜合報告的企業具有較高的經營波動性，才導致其不願披露自身的全面信息，從而加大了公司與利益相關者之間的信息不對稱程度，進而影響公司價值持續創造的能力，導致公司績效忽高忽低，由此進入一個惡性循環。

表 4-11　未發布和已發布綜合報告企業的描述性統計橫向比較分析

| 年度 | 2014 財年 ||| 2015 財年 |||
|---|---|---|---|---|---|---|
| 指標 | $P_{i,t}/P_{i,t}$ | $EPS_{i,t}/P_{i,t}$ | $EVPS_{i,t}/P_{i,t}$ | $P_{i,t}/P_{i,t}$ | $EPS_{i,t}/P_{i,t}$ | $BVPS_{i,t}/P_{i,t}$ |
| 未發布綜合報告企業 |||||||
| Mean | 1.184,9 | 0.619 | 1.043,3 | 1.177,0 | 0.057,8 | 0.994,0 |
| N | 132 | 132 | 132 | 132 | 132 | 132 |
| Std. Deviation | 0.455,35 | 0.113,54 | 0.454,32 | 0.673,35 | 0.097,17 | 0.974,41 |
| Median | 1.127,2 | 0.064,3 | 0.973,9 | 1.102,4 | 0.060,1 | 0.827,9 |
| Minimum | 0.69 | -0.73 | 0.08 | 0.47 | -0.58 | -0.07 |
| Maximum | 5.38 | 0.55 | 2.74 | 8.03 | 0.53 | 10.91 |
| Range | 4.69 | 1.28 | 2.66 | 7.56 | 1.10 | 10.98 |
| 已發布綜合報告企業 |||||||
| Mean | 1.056,9 | 0.051,1 | 0.934,2 | 1.066,4 | 0.035,7 | 0.084,44 |
| N | 71 | 71 | 71 | 71 | 71 | 71 |
| Std. Deviation | 0.229,83 | 0.060,54 | 0.464,10 | 0.315,24 | 0.086,29 | 0.439,76 |
| Median | 1.099,0 | 0.054,7 | 0.858,2 | 1.026,7 | 0.052,5 | 0.736,2 |
| Minimum | 0.27 | -0.26 | 0.09 | 0.41 | -0.40 | 0.17 |
| Maximum | 1.53 | 0.24 | 2.52 | 1.81 | 0.17 | 2.60 |
| Range | 1.26 | 0.49 | 2.44 | 1.40 | 0.57 | 2.43 |
| 所有樣本企業 |||||||
| Mean | 1.140,2 | 0.058,1 | 1.005,2 | 1.138,3 | 0.050,1 | 0.941,7 |
| N | 203 | 203 | 203 | 203 | 203 | 203 |

表4-11(續)

| 年度 | 2014 財年 | | | 2015 財年 | | |
|---|---|---|---|---|---|---|
| 指標 | $P_{i,t}/P_{i,t}$ | $\text{EPS}_{i,t}/P_{i,t}$ | $\text{EVPS}_{i,t}/P_{i,t}$ | $P_{i,t}/P_{i,t}$ | $\text{EPS}_{i,t}/P_{i,t}$ | $\text{BVPS}_{i,t}/P_{i,t}$ |
| Std. Deviation | 0.395,62 | 0.098,72 | 0.459,595 | 0.575,56 | 0.093,88 | 0.829,38 |
| Median | 1.115,2 | 0.061,1 | 0.944,7 | 1.093,5 | 0.056,8 | 0.811,5 |
| Minimum | 0.27 | -0.73 | 0.08 | 0.41 | -0.58 | -0.07 |
| Maximum | 5.38 | 0.55 | 2.74 | 8.03 | 0.53 | 10.91 |
| Range | 5.11 | 1.28 | 2.66 | 7.62 | 1.10 | 10.98 |

4.3.2.3 統計圖比較分析

在上述描述統計分析中，我們可以看到企業發布綜合報告與否會導致其數據分佈特徵不相同。為進一步探索其分佈特點，找出發布綜合報告和從未發布綜合報告企業的數據之間的差異性，我們用統計綜合五數來進行比較分析。統計綜合五數分別是最小值、25%分位數、中位數、75%分位數和最大值，能夠反應數據的分佈特徵，其圖形表示為箱線圖。下面筆者用2014財年和2015財年的企業數據箱線圖（圖4-2到圖4-7）進一步橫向比較已發布和未發布綜合報告兩類企業在三個變量（價格修正後的股價、每股收益以及每股帳面價值變化）指標上的差異。其中，橫軸為0表示從未發布綜合報告企業樣本數據結果，橫軸為1表示已發布綜合報告企業樣本數據結果。

從以下的6張箱線圖（圖4-2到圖4-7）可以看出2014和2015財年3個變量指標在兩類不同的企業中的分佈特徵差異明顯，儘管這些指標的中位數差異不大，但是從未發布綜合報告的企業和已發布綜合報告的企業的數據分佈大為不同。沒有發布綜合報告的企業指標的極差較大，奇異值和極端值數量明顯多於已發布企業，這就進一步證明未發布綜合報告企業的經營平穩性或可持續發展性有待提高。

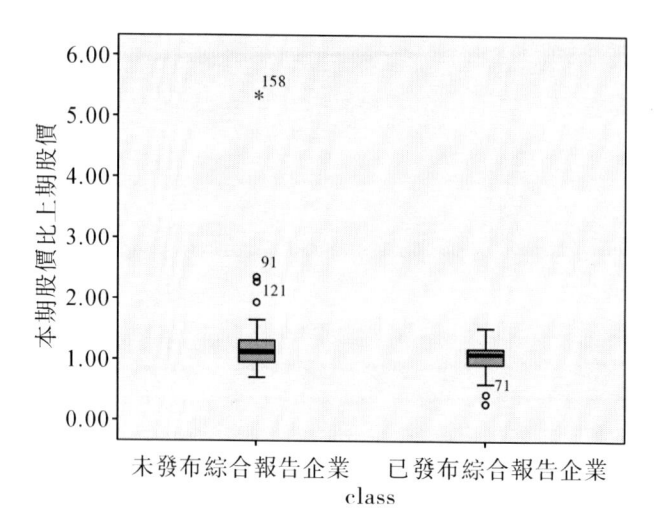

圖 4-2　2014 財年價格修正後的股價數據箱線圖

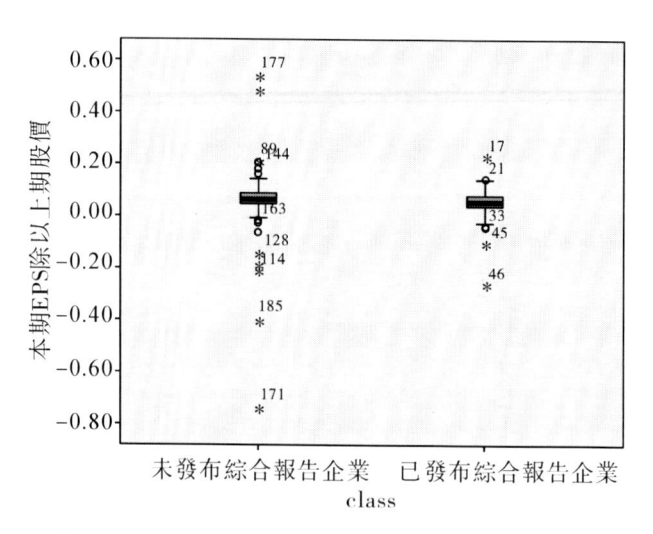

圖 4-3　2014 財年價格修正後的每股收益數據箱線圖

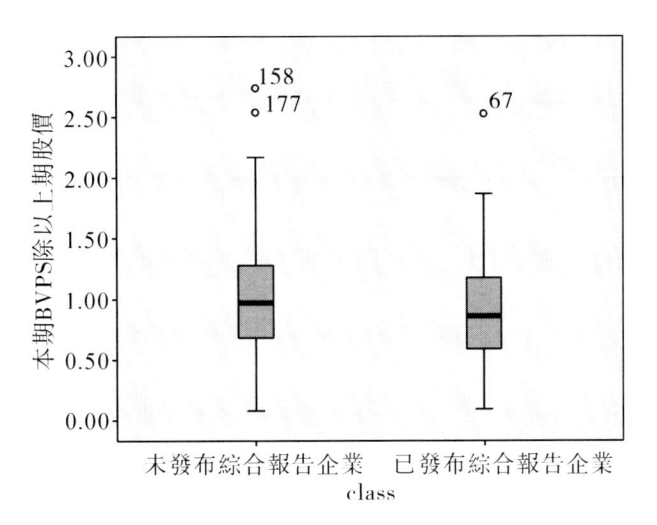

圖 4-4　2014 財年價格修正後的每股帳面價值變化數據箱線圖

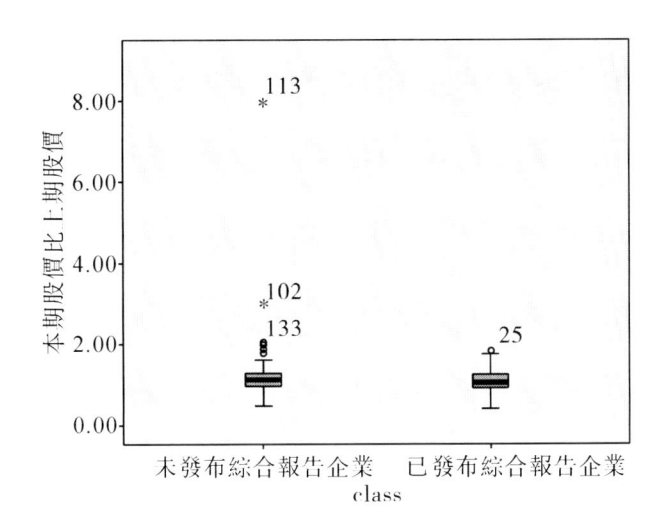

圖 4-5　2015 財年價格修正後的股價數據箱線圖

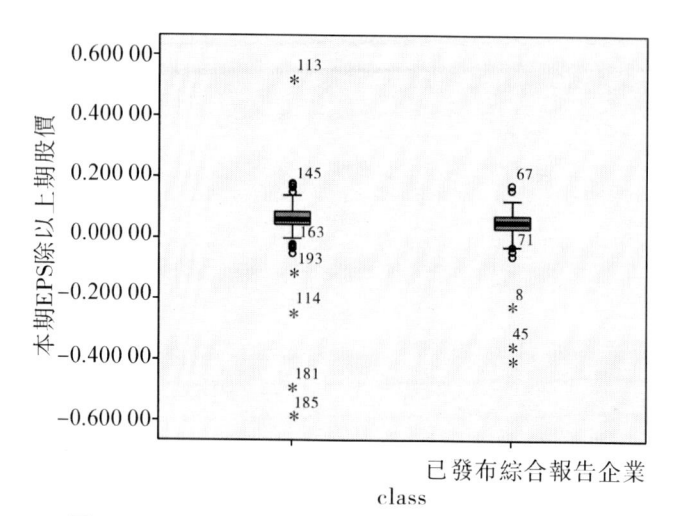

圖 4-6 2015 財年價格修正後的每股收益數據箱線圖

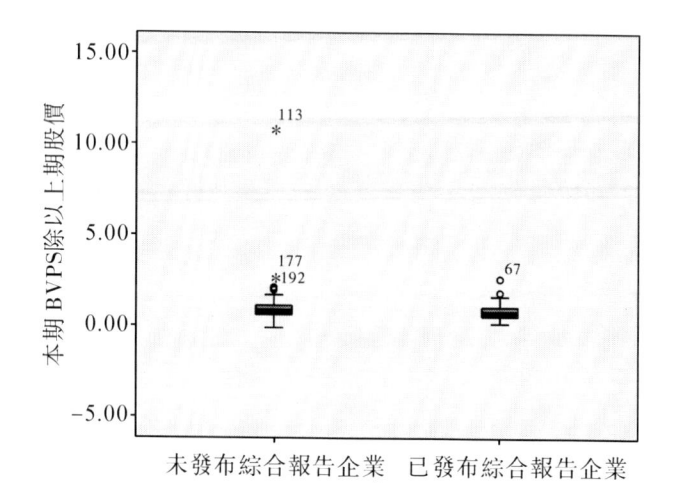

圖 4-7 2015 財年價格修正後的每股帳面價值變化數據箱線圖

#### 4.3.2.4 進一步的統計檢驗

本書前面通過描述統計分析和統計箱線圖分別對 2014 年及 2015 年 $P_{i,t}/P_{i,t-1}$、$EPS_{i,t}/P_{i,t-1}$ 和 $BVPS_{i,t}/P_{i,t-1}$ 的特徵進行了研究，討論已經發布綜合報告和未發綜合報告的企業在 $P_{i,t}/P_{i,t-1}$、$EPS_{i,t}/P_{i,t-1}$ 和 $BVPS_{i,t}/P_{i,t-1}$ 上的分佈差異。這裡我們利用統計檢驗的方法，繼續深入對已發布和未發布綜合報告企業的指標進行對比分析。

如前所述，兩類企業的三個指標均存在個別的極端變量值，而極端變量值將影響參數檢驗中的 F 檢驗和 t 檢驗的有效性，需要尋找更穩健的檢驗方法來

對比兩類企業 3 個指標的分佈差異。這裡利用非參數檢驗①的 Wilcoxon② 中位數檢驗、Ansari-Bradley③ 尺度檢驗和 Mood 尺度檢驗方法，探討數據指標在中位數和方差上的差異，結果如表 4-12、表 4-13 所示。

從表 4-12 和表 4-13 呈現的 Wilcoxon W 統計量檢驗的結果可以看出，無論是 2015 年還是 2014 年，兩類企業的三個指標均有顯著性差異，其顯著性水準均在 0.1 以下，說明未發布綜合報告企業比已發布綜合報告企業三個指標的中位數均顯著提高。

從表 4-12 和表 4-13 呈現的 Ansari-Bradley 檢驗和 Mood 檢驗的結果可以看出，$P_{i,t}/P_{i,t-1}$ 和 $BVPS_{i,t}/P_{i,t-1}$ 兩個指標表現出已發布和未發布企業的分散程度是有顯著性差異的，至少在 0.1 的顯著性水準下，未發布企業比已發布企業的數據分散程度更大，數據穩定性更差。

表 4-12　2015 年非參數檢驗結果

| 指標 | 本期股價除以上期股價 | 本期 EPS 除以上期股價 | 本期 BVPS 除以上期股價 |
| --- | --- | --- | --- |
| Wilcoxon W | 6,155.000 | 6,619.000 | 6,718.500 |
| Z | -2.723 | -1.561 | -1.312 |
| 單尾 p 值 | 0.003*** | 0.060** | 0.100* |
| Ansari-Bradley | 3,226.500 | 3,590.500 | 3,389.000 |
| Z | -2.066,0 | -0.242,2 | -1.251,8 |
| 單尾 p 值 | 0.019,4** | 0.404,3 | 0.100* |
| Mood | 289,658.500 | 244,979.500 | 263,855.000 |
| Z | 2.191,4 | 0.055,7 | 0.958,0 |
| 單尾 p 值 | 0.014** | 0.477,8 | 0.169,0 |

---

① 非參數統計即不考慮總體分佈類型是否已知，只比較總體分佈的位置是否相同的統計方法，是一種比參數檢驗方法更穩健的檢驗方法。

② Wilcoxon 秩和檢驗是基於樣本數據秩和進行檢驗。先將兩樣本看成是單一樣本（混合樣本）然後由小到大排列觀察值統一編秩。如果原假設兩個獨立樣本來自相同的總體為真，那麼秩將大約均勻分佈在兩個樣本中，即小的、中等的、大的秩值應該大約被均勻分在兩個樣本中。如果備選假設兩個獨立樣本來自不相同的總體為真，那麼其中一個樣本將會有更多的小秩值，這樣就得到一個較小秩和；另一個樣本將會有更多的大秩值，因此就會得到一個較大的秩和。

③ Ansari-Bradley 檢驗和 Mood 檢驗通過討論兩樣本混合秩的分佈特點檢驗兩個總體的方差或分散程度是否相同。

表 4-13 2014 年非參數檢驗結果

| 指標 | 本期股價除以上期股價 | 本期 EPS 除以上期股價 | 本期 BVPS 除以上期股價 |
| --- | --- | --- | --- |
| Wilcoxon W | 6,475.000 | 6,343.000 | 6,562.000 |
| Z | -1.922 | -2.252 | -1.704 |
| 單尾 p 值 | 0.028** | 0.012** | 0.044** |
| Ansari-Bradley | 3,931.000,0 | 3,588.500 | 3,468.00 |
| Z | 1.463,9 | -0.252,2 | -0.856 |
| 單尾 p 值 | 0.072* | 0.400 | 0.196 |
| Mood | 219,795.000 | 242,257.500 | 269,868.000 |
| Z | -1.148,1 | -0.074,4 | 1.245,4 |
| 單尾 p 值 | 0.122 | 0.470,3 | 0.100* |

以上的描述統計分析、統計箱線圖和非參數檢驗的結果結合起來，充分驗證了本章假設成立。

## 4.4 國際綜合報告的啟示

通過以上對日本企業綜合報告實踐的縱向和橫向的比較實證分析，結合企業報告信息體系的發展和演變，以及國際上對企業發布綜合報告的呼籲和建議，我們可以得到以下三點啟示：

### 4.4.1 正確認識綜合報告的核心競爭力

從日本企業發布綜合報告的實踐來看，綜合報告模式比現行一般企業財務報告模式更完整、更有效率，利益相關者根據綜合報告能夠更直接、有效地獲得其所需要的企業綜合信息。從企業發布綜合報告前後的縱向比較來看，企業在發布綜合報告之前，財務報告模式對企業價值的解釋力度逐年降低，投資者對財務報告模式的決策依賴程度也在下降，表明單純的財務報告模式已經不能完整而全面地反應公司的價值持續創造能力；而在綜合報告發布之後，其對於公司價值的解釋力度有所提高，說明綜合報告在將公司財務信息以及環境信息、治理信息、風險和機遇、戰略前景等非財務信息有機整合之後，能夠更加

全面而有效地展現公司短中長期的價值創造能力，能夠綜合反應公司的可持續發展戰略的實施情況。因此，與單純的財務報告模式相比，綜合報告的核心競爭力在於其整合財務與非財務信息後的綜合性，各類指標之間相互關聯、相互印證，能夠全面、真實、準確地反應企業價值創造能力；同時，綜合報告更加簡明有效，報告使用者能夠更迅速地獲取有效信息，幫助自己決策判斷。正確認識綜合報告的核心競爭力對於中國推行綜合報告模式有非常積極的借鑑價值。

### 4.4.2 利益相關者進行積極監督和推廣

外界投資者、客戶等利益相關者通過企業發布的報告來獲取自己所需要的信息，從而進行投資或者其他相關決策。因此如何使用企業報告獲取有效信息是利益相關者們所關心的問題。從日本企業綜合報告的實踐情況來看，發布綜合報告的企業比未發布的企業在價值增長上具有更好的穩定性，而這是由於綜合報告有機綜合了財務信息和環境、人力、社會關係等各類非財務信息，全方位、多角度展現企業短中長期的實際價值創造能力。因此，投資人等相關利益者拿到綜合報告，能夠有效獲得相關決策信息，使得決策更加理性。相比於單純的財務報告模式，綜合報告涵蓋了財務和非財務多種類別的信息，這些信息能夠對企業真實狀態進行相互印證，在一定程度上能夠減少由於財務虛假數據或者虛假交易等帶來的虛假報告問題。綜合報告使投資者避免了信息失真導致的錯誤決策，促使整個市場更有序、健康、平穩發展，企業創造價值的能力由此穩步提升。參照日本企業綜合報告的實踐經驗，即由市場、利益相關者以及企業共同推動企業綜合報告發展，由利益相關者要求企業發布綜合報告，企業也意識到綜合報告能夠提高自身與利益相關者的交流效率，從而使各方達成一致，共同推動綜合報告的發展。這對於中國構建企業綜合報告體系有一定的啟示和借鑑意義。

### 4.4.3 政府進行適當引導和推進

由於日本政府並未強制企業發布綜合報告，已發布綜合報告的企業均是自願發布的，因為這些企業意識到了綜合報告的核心競爭力、綜合報告對企業價值以及企業與利益相關者的溝通效率的提升；因此，在沒有政府強制要求的情況下，那些不願發布綜合報告的企業可能存在更加嚴重的經營波動性等問題，這些問題的存在可能導致其粉飾經營業績，不願全面披露信息，從而進一步加大其經營波動性，進入惡性循環。因此，僅僅依靠利益相關者的監督或者企業

的自覺性，將很難快速推進綜合報告實踐進程。國際上也有政府強制企業公布綜合報告的案例，比如南非。但是由於國情不同，企業報告體系涉及面非常龐大，如果貿然強制改變信息披露方式，可能會造成高昂的制度變革成本。國際綜合報告實踐經驗啟示我們，應當採取穩妥的推行方式，依靠市場和利益相關者的積極監督推廣，配以政府適當的正確引導，才能夠快速而穩健地推進綜合報告實踐。

綜合以上的實證研究結果，本書認為，綜合報告的發布可以顯著降低企業與投資者之間的信息不對稱程度，支持國際綜合報告委員會倡導綜合報告的初衷。所以，綜合報告誕生的任務就是不斷增強企業財務和非財務信息與投資者接收到的信息的一致性，正是基於這種天然的優勢，綜合報告模式應當被廣泛地使用。

# 5 中國企業綜合報告指標體系框架構建

## 5.1 企業綜合報告指標體系框架的構建原則

正如傳統財務報告的編製需要以會計準則為標準，綜合報告的編製也需要參考一定的標準，即《國際綜合報告框架》①（2013）。綜合報告框架的構建可以參考財務會計概念框架（FASB概念框架），該框架也應當以目標為導向，即向財務資本提供者解釋機構如何持續創造價值；以信息質量特徵為橋樑，連接與目標相配合的要素、確認、計量等基本概念。綜合報告框架與綜合報告指標框架是密切聯繫的，從定性及定量角度看是總體和部分的關係，綜合報告指標框架是綜合報告框架的一個核心組成部分。因此編製中國企業綜合報告指標框架，在現階段主要遵循《國際綜合報告框架》來進行。

本書鑒於目前國際綜合報告委員會（IIRC）發布的《國際綜合報告框架》中文版以及通過對綜合報告先行國家（日本等）與國際企業踐行綜合報告的經驗進行總結，提出以下框架構建原則：

### 5.1.1 整合性原則

綜合報告不是單一財務報告與非財務報告（企業可持續發展報告、可持續發展報告、環境報告）的簡單結合，也不是將非財務信息以後綴形式附加於財務報告，作為財務報告附註進行披露。綜合報告若是以上述兩種形式編製

---

① 國際綜合報告委員會（IIRC）. 國際綜合報告框架（中文版）[R/OL]. [2014-04-13]. http://www.theiirc.org/wp-content/uploads/2014/04/13-12-08-THE-INTERNATIONAL-IR-FRAMEWORK-CS.pdf.

的，就不能夠有效彌補現有企業報告體系的缺陷，因此企業綜合報告指標體系的設計也要符合「整合性思維」①，用整合思維替代「孤島思維」，將其作為綜合報告框架構建原則至關重要。這是確定指標體系的基本出發點，也是客觀反應企業整體價值創造過程的關鍵。綜合報告不僅披露單一要素，對於要素與要素之間相互關聯的關係，以及要素組合都要進行披露，為此在設置指標時既要包括主流財務指標要素也要包括決定未來發展的非財務要素；既要考慮人力、物力、財力，也要考慮管理能力、資金運作能力、各部門工作協調能力等；既要考慮企業內部的影響要素，也要考慮企業外部環境的影響要素；既要考慮現時也要考慮未來的相關性，使建立的企業綜合報告指標體系能夠系統地概括企業價值。

### 5.1.2　相關性原則

隨著報告使用者的多元化，現行企業報告更趨於保護股東利益，因此更多地關注財務業績，對其他內外部利益相關者的信息需求缺乏重視。而企業綜合報告作為新的報告體系，對於企業與關鍵利益相關者的關係，以及該關係的性質，企業如何理解利益相關者的合法需求和利益，並如何回應該需求，以多大程度考慮該種利益，凡此種種都要被報告深入反應。

因而綜合報告指標的選擇和體系的建立應從信息發布者和使用者雙重角度出發，都應對其具備預測價值與反饋價值。在選擇指標時，各指標之間是相互聯繫的。預測價值是指綜合報告披露的信息能幫助利益相關者對過去、現在和未來事件的結果做出預測而具備的在決策中導致差別的能力。而反饋價值是指，報告披露的信息有助於利益相關者評價企業過去的決策，證實或者修正過去的有關預測。

### 5.1.3　可比性原則

企業綜合報告所披露的信息應當具有縱向可比性與橫向可比性，並且披露的信息首先應滿足整合性與相關性原則，進而能夠與其他企業進行比較。為提高綜合報告在不同企業與階段的可比性，報告的結構形式、要素的確認方法、數據的計量屬性等方面應盡可能保持一致。

---

①　整合性思維，就是對多種不同類別甚至相互衝突的信息或者觀點進行接納和整理，不是簡單地進行非此即彼的取捨，而是另闢蹊徑，提出一個新思路，即既包含了原先兩種觀點的內容，又比原來兩種觀點勝出一籌。這個思考和綜合的過程被稱為整合性思維。

### 5.1.4 可靠性原則

企業綜合報告披露的信息必須是真實的、可靠的、中立的。所謂真實性即要如實表達，杜絕對非財務信息只報喜不報憂，可定量卻定性的現象；可靠性要求信息經得住復核和驗證；中立性是指信息應不偏不倚、不帶有編報者主觀意願，關鍵利益相關者的訴求都盡量被考慮在內。以上作為框架構建的原則，既是對現行財務報告特徵的沿襲，又提出了對其特有信息披露的要求，相互依存、共生互動，不僅奠定了綜合報告編製基礎，也極大地提升了企業價值。

### 5.1.5 系統性原則

企業的可持續發展依存於企業所持有和使用的各類資本，因而通常採用各類企業資本指標對其在經營活動中的作用進行評估。國際綜合報告委員會將資本劃分為製造、人力、智力、金融、社會與關係以及自然六大類。參考國際綜合報告委員會所提出的劃分規則與中國企業財務制度的具體情況，本書擬將指標體系分為財務信息、環境信息、社會關係信息、人力資源信息、公司治理信息五類①。這五個方面存在著緊密的聯繫，它們相互影響、相互制約，構成一個有機的整體。因此，在構建中國綜合報告指標體系時應從財務、環境、社會關係、人力資源和公司治理等不同方面來考察企業可持續發展的價值創造能力。

## 5.2 企業綜合報告指標體系的構建方法與思路

由於企業綜合報告本身涵蓋了企業發展的各類信息，包括商業模式、戰略發展等，但目前大多數企業還未達到綜合發布企業整合信息的階段，因此本書只專注於企業綜合報告中最核心的指標體系的構建。怎樣讓企業通過披露精簡的指標來反應其發展的各個方面並促進其價值創造的過程，是本書要研究的核心問題。在最大化提升企業價值的總目標基礎上，本章確定了企業綜合報告所需要遵循的五個原則，本書接下來需要確定綜合報告指標體系的信息披露維度和每個維度下關鍵的指標項目、各個原則之間的相對重要性，以及各個信息披

---

① 這裡將綜合報告指標體系擬分為五類或者五個維度，是根據國際上已經發布的綜合報告以及各類財務、非財務報告中相關指標的披露情況，整理出了能反應信息披露五個維度的項目。

露維度和指標與企業價值之間的相關性,將通過 AHP 層次分析法和專家法來確定,並通過問卷調查法來優化。

### 5.2.1　企業綜合報告指標體系的構建方法

AHP 層次分析法[①]是由美國著名運籌學專家 T. L. Saaty 提出的,本質上是一種決策思維方法。AHP 把複雜的問題分為各個組成因素,將這些因素按支配關係分組形成有序的遞階層次結構,通過兩兩比較的方式確定層次中諸因素的相對重要性的總順序。這種方法體現了決策思維的基本特徵,即分解—判斷—綜合。

層次分析法作為一種有效的決策方法,其確定權數的基本步驟可簡單敘述為:建立問題的遞階層次結構;構造兩兩比較判斷矩陣,計算各標準(原則)的權重;一致性檢驗;計算各個維度的綜合權重。

專家法又稱德爾菲法,其特點在於集中專家的經驗與意見,確定各個指標的權數,並在不斷的反饋和修改中得到比較滿意的答案。基本步驟為:

(1) 將待確定權數的 $n$ 個指標和有關資料,以及統一的確定權數規則發給選定的 $m$ 位專家。請他們獨立地給出各個指標的權數值。

(2) 分別計算各個指標權數的均值和標準差。

(3) 將計算結果以及補充資料返還給各位專家,並請各位專家進行以下工作:要求所給權數與均值偏差較大的專家說明原因;要求所有專家在新的基礎上重新確定權數。之後重複以上兩步,直至與均值的離差小於或者等於預先給定的標準後,計算各個指標權數的均值作為該指標的權數。

### 5.2.2　企業綜合報告指標體系的構建思路

本書所要構建的企業綜合報告指標體系的具體構建思路將通過如下幾層展開:

第一層次,用 AHP 層次分析法構建層次分析結構模型。首先,確定綜合報告指標體系框架的整體目標,即實現企業價值提升;其次,通過 AHP 層次分析法和德爾菲法,確定指標體系各個原則之間的相關性;最後,確定五個披露維度的重要性程度,並對其進行排序。

第二層次,根據標準及文獻設立綜合報告指標。本書根據現有研究(宋

---

[①] 層次分析法(Analytic Hierarchy Process,AHP)是將與決策總是有關的元素分解成目標、準則、方案等層次,在此基礎之上進行定性和定量分析的決策方法。

獻中 等，2006；吉利 等，2013；毛洪濤 等，2014）有針對性地做出一些設計，以減輕某些缺陷對問卷數據質量的影響。本書通過比較《國際綜合報告框架》（2013）、可持續發展報告、社會責任報告編寫指南、第三方評估標準，對書中所給出的信息指標的代表性、重要性進行驗證，將通過評估的相關指標作為製作問卷的基礎。本書參考的編寫指南、篩選標準分為以下三個方面：

（1）國際上得到廣泛認可的綜合報告編寫指南——《國際綜合報告框架》（2013）。該框架與全球範圍內發布的有關公司報告的多項標準一致。國際綜合報告框架為希望編製綜合報告的企業和其他機構提供以原則為導向的指南，旨在加速全球企業的可持續發展進程，並在全球範圍內全面推動企業報告的創新發展，以發揮綜合報告的更多優勢，包括提高報告流程效率。

（2）國際上發布綜合報告的企業所共同參考的全球報告倡議組織的《可持續發展報告指南（G4）》（下文簡稱「G4」）和國際標準化組織的《ISO_26000社會責任指南（中文版）》（下文簡稱「ISO」），這兩個標準通用性強、影響範圍大，大多數的綜合報告編寫都會參照這兩個標準。

（3）中國出抬的一系列非財務報告編寫指南，包括深圳證券交易所發布的《深圳證券交易所上市公司可持續發展報告指引》、上海證券交易所發布的《上海證券交易所上市公司環境信息披露指引》、中國工業經濟聯合會等發布的《中國工業企業及工業協會社會責任指南（第二版）》、國務院國有資產監督管理委員會發布的《關於中央企業履行社會責任的指導意見》。

本書根據國際上已經發布的綜合報告以及各類財務、非財務報告中相關指標的披露情況，整理出了能反應信息披露五個維度的項目。

第三層次，通過問卷調查法，對對企業綜合報告有研究的專家、信息使用者和發布者進行調查，對原設計指標進行篩選和優化，進而確定最終的指標體系框架。

## 5.3 企業綜合報告指標體系的篩選依據及步驟

本書按照研究目標，需要根據對比結果篩選出符合中國現實情況的、重要的企業綜合報告披露項目指標。項目指標的初選依據三個步驟：

第一步，中國四個標準①同時要求披露———說明在中國當前國情下，這些要求披露的企業相關信息是重要的，並且受到業界的廣泛關注；

第二步，中國標準要求披露的同時，也要在國際標準中被提及——由於國際標準的制定考慮了發展程度不同的國家的背景，這些披露項目反應了中國當前及未來的發展中重要的企業價值創造問題；

第三步，在公布標準中出現次數靠前——進一步證明通過上兩步篩選出的披露項目反應了在各行各業中都比較重要的長期價值創造的項目指標。

根據三個篩選步驟，本書共篩選得到綜合報告項目指標60個，分別是：第一，財務類指標。總資產、所有者權益、總負債、淨利潤、淨資產收益率、主營業務收入、現金及現金等價物淨增加額、經營活動產生的現金流量淨額、投資活動產生的現金流量淨額、籌資活動產生的現金流量淨額、每股收益、每股經營活動淨現金流等項目。第二，非財務類指標。「三廢」排放、二氧化碳減排量、環保控制措施、能源消耗總量、萬元產值綜合能耗、單位能耗、萬元增加值綜合能耗、「三廢」循環利用、年度環保投資額、綠色環保產品支出、綠色環保產品產值、環保活動捐贈、股東社會背景、董事社會背景、償債情況、與銀行合作情況、與其他金融機構合作情況、與政府合作情況、與行業協會的關係、供應商關係及管理、產品及服務質量、慈善捐贈、市場佔有率、對政府履行的納稅責任、員工薪酬、員工社會保障、員工福利、帶薪假期、勞保支出、辦公改造、帶薪培訓、學歷程度、員工流失率、員工工齡、員工薪酬增長率、員工升職率、股權集中度、股權制衡、擁有母公司、機構投資者、控股股東擔保金額、控股股東占用資金、獨立董事比例、專業委員會個數、獨立監事比例、監事會召開次數、兩職合一、高管人員的薪酬。

## 5.4 企業綜合報告指標體系理論框架

國際綜合報告委員會認為資本是價值儲存手段，以某種形式被投入組織的商業模式中，並將資本劃分為製造、人力、智力、金融、社會與關係以及自然六大類。據此，本書結合中國現實施的企業財務制度具體情況，對以上六大分類進行整合歸納，將本書研究指標體系分為財務信息、環境信息、社會關係信

---

① 中國四個標準，即《深圳證券交易所上市公司可持續發展報告指引》《上海證券交易所上市公司環境信息披露指引》《中國工業企業及工業協會社會責任指南（第二版）》《關於中央企業履行社會責任的指導意見》。

息、人力資源信息和公司治理信息五類。

(1) 財務信息

長期以來，企業對外披露的信息都以財務信息為主，這也是企業綜合報告的核心內容。財務信息以貨幣形式的數據資料為主，結合其他資料，用來表明企業經營成果、資產狀況、現金流量的經濟信息。它具體包括：①財務信息是反應企業過去交易或事項的經濟信息；②財務信息反應了企業內部管理層所需的特定信息，是一組有利於提高企業內部管理效率的數據；③財務信息反應了企業經營績效，企業經營狀況是其存在的基礎，對企業長遠可持續發展至關重要。

企業綜合報告中，企業財務信息的公示對企業自身經營狀況與利益相關者決策的改善具有重要意義：①財務信息能幫助企業的利益相關者做出合理的決策；②財務信息有助於投資者評估和預測企業未來的現金流動，以判斷企業的價值；③財務信息是政府監管部門進行宏觀調控的重要依據和微觀數據基礎，財政部門需要企業財務報表以檢測經濟運轉情況，稅務部門需要檢閱企業財務資料以瞭解稅收執行情況；④財務信息有利於企業改善自身經營管理，企業內部管理者可以通過財務信息，及時全面地瞭解企業的日常生產經營活動，這樣便可以及時、準確地發現經營活動中存在的問題，採取針對性的措施加以改善。因此，無論是對於投資者還是其他利益相關者而言，企業財務信息在綜合報告中都具有極其重要的價值，應該作為綜合報告的核心信息予以體現。

參考企業財務年報的固定範式與現有綜合報告相關研究的結論，在本部分的研究中，本書設置了四個方面共12個具體財務指標，涉及企業財務結構、經營成果、現金流狀況與股東收益情況四類指標，對企業營運情況進行了全面的概括，具體指標體系見表5-1。

表5-1 綜合報告財務信息指標體系

| 項目 | 指標 | 指標定義及計量方式 |
| --- | --- | --- |
| 財務結構 | 總資產 | 報告期資產負債表中的總資產項目 |
| | 所有者權益 | 報告期資產負債表中的所有者權益項目 |
| | 總負債 | 報告期資產負債表中的總負債項目 |
| 經營成果 | 淨利潤 | 報告期利潤表中的淨利潤項目 |
| | 淨資產收益率 | 報告期期末淨利潤/期末淨資產 |
| | 主營業務收入 | 報告期利潤表中的主營業務收入項目 |

表5-1(續)

| 項目 | 指標 | 指標定義及計量方式 |
|---|---|---|
| 現金流 | 現金及現金等價物淨增加額 | 對應現金流量表中現金及現金等價物淨增加額項目 |
| | 經營活動產生的現金流量淨額 | 對應現金流量表中經營活動產生的現金流量淨額項目 |
| | 投資活動產生的現金流量淨額 | 對應現金流量表中投資活動產生的現金流量淨額項目 |
| | 籌資活動產生的現金流量淨額 | 對應現金流量表中籌資活動產生的現金流量淨額項目 |
| 每股指標 | 每股收益 | 淨利潤/總股數 |
| | 每股自由現金流量 | 自由現金流量/總股數<br>(自由現金流量＝淨利潤＋折舊及攤銷－資本支出－流動資金需求) |

（2）環境信息

目前中國經濟社會發展已經進入一個全新階段，人們對賴以生存的自然環境的保護意識越來越強。一方面，社會各界對企業環境信息的需求為企業環境信息披露帶來外在壓力；另一方面，企業健康發展和內部管理需求也為企業披露環境信息提供了內在動力。在可持續發展理念得到廣泛認同的今天，國家、社會和企業對經濟發展模式的認識產生了深刻變化，環境保護成為國家發展戰略的重要組成部分。

如何完整體現企業在維護社會可持續發展、保護生態環境方面所做的努力，對企業可持續發展狀況進行披露，是綜合報告相關研究中的一個難題，目前學術界對環境信息尚沒有統一的定義和標準。從最寬泛的角度講，環境信息包括一切與環境管理、保護、改善以及與環境交互影響方面的信息。相對於企業披露的財務信息，企業綜合報告所披露的環境信息規範性不強，這與社會經濟發展階段、發展理念和技術手段密切相關。從企業相關投入著眼，展示企業環境保護相關工作信息，是一個可行的方向，可以在一定程度上滿足指標的可量化性與可比性的要求。如深證證券交易所要求納入「深證指數」的上市公司應在公司年報中說明公司在環保投資及技術開發、環保設施的建設運行以及降低能源消耗、污染物排放、進行廢物回收和綜合利用等方面採取的具體措施，並與國家標準、行業水準、以往指標等進行比較，用具體數字指標說明目前狀況以及改進的效果。上海證券交易所要求上市公司根據自身需要，在年度綜合報告中披露或單獨披露年度資源消耗總量，環保投資和環境技術開發情

況，排放污染物種類、數量、濃度和去向，廢物的處理、處置情況，廢棄產品的回收、綜合利用情況等信息。

這部分環保類信息收集難度較大。本書參考各企業年度環境報告以及各環保部門發布的環保年度報告資料，從與環保有關的污染控制、節約能源、資源循環利用和其他環境信息四方面考慮，設置12個指標，如表5-2所示。

表5-2 綜合報告環境信息指標體系

| 項目 | 指標 | 指標定義及計量方式 |
| --- | --- | --- |
| 污染控制 | 「三廢」排放 | 處理各種廢水、廢氣、廢物所支付的金額 |
|  | 二氧化碳減排量 | 企業生產、營運活動中減少的碳排放量，按標準計算 |
|  | 環保控制措施 | 能夠促進企業環境保護的方案 |
| 節約能源 | 能源消耗總量 | 統計報告期內企業實際消費能源的能量總量 |
|  | 萬元產值綜合能耗 | 統計期內消耗的企業能耗/總產值 |
|  | 單位能耗 | 單位產品各能源的消耗量 |
|  | 萬元增加值綜合能耗 | 能源消費量除以企業創造新增價值和固定資產轉移價值 |
| 資源循環利用 | 「三廢」循環利用 | 廢水、廢氣、廢物循環利用產生的收入金額 |
|  | 年度環保投資額 | 企業本年度投入環境保護的金額 |
| 其他環境信息 | 綠色環保產品支出 | 研發各綠色環保產品的支出 |
|  | 綠色環保產品產值 | 以貨幣表現的工業企業在報告期內生產的綠色環保產品總量 |
|  | 環保活動捐贈 | 報告期內對環保類型公益活動的捐贈 |

（3）社會關係信息

企業社會關係信息對於企業的可持續發展發揮著越來越重要的作用，然而傳統的公司金融理論過於強調財務資本的重要性，卻忽視了包括社會資本在內的其他資本，導致實踐中企業對其投資不足，由此引發了一系列的治理問題，甚至影響到了企業的可持續發展。

從目前的實踐來看，已經有越來越多的企業開始重視企業社會關係。例如，在聘用獨立董事的情況下，大多數上市公司會傾向於選擇兼任特定社會職務的社會人士，通過其「人脈」導入資源從而獲取收益。又如，近些年更多

的上市公司頻繁地投身公益慈善事業，希望通過塑造良好的社會形象來獲取監管部門、消費者或其他利益相關者的青睞。這均體現出企業對社會關係的投資，可對其可持續發展產生積極的作用。

因此，本書綜合考察了股東、董事、債權人、金融機構、政府、行業協會、供應商、消費者及社區9個方面，設置12個明細指標來衡量企業的社會關係信息。具體指標與計量方式如表5-3所示。

表5-3　綜合報告社會關係信息指標體系

| 項目 | 指標 | 指標定義及計量方式 |
| --- | --- | --- |
| 股東 | 股東社會背景 | 股東在社會任職情況，有其他社會職務為1，否則為0 |
| 董事 | 董事社會背景 | 董事在社會任職情況，有其他社會職務為1，否則為0 |
| 債權人 | 償債情況 | 本年度共償還債務本息 |
| 金融機構 | 與銀行合作情況 | 截至報告期末本公司擁有的固定合作銀行數量 |
| 金融機構 | 與其他金融機構合作情況 | 截至報告期末本公司擁有的固定合作其他金融機構數量 |
| 政府 | 與政府合作情況 | 截至報告期末本公司與政府合作情況，有為1，否則為0 |
| 政府 | 對政府履行的納稅責任 | 公司本年度各項稅費繳納 |
| 行業協會 | 與行業協會的關係 | 截至報告期末本公司與行業的合作情況，有為1，否則為0 |
| 供應商 | 供應商關係及管理 | 截至本年底公司擁有固定合作夥伴的數量 |
| 消費者 | 產品及服務質量 | 公司本年度用於技術改造及提高產品質量的支出 |
| 消費者 | 市場佔有率 | 市場佔有率=產品銷量/產品市場總量 |
| 社區 | 慈善捐贈 | 公司本年度各項捐贈支出 |

(4) 人力資源信息

人力資源是企業可持續發展中各個支撐因素的重要支撐點，也是聯繫各支撐因素的橋樑和紐帶。沒有人力資源信息的支撐和紐帶作用，企業可持續發展的各個支撐因素便無法支持，各因素之間的聯動作用也無法得到發揮。因此，人力資源優勢的持續性是企業可持續發展的根本支撐因素，也是實現企業可持續發展的根本推動力。

人力資源信息通常是對勞動者投入企業中的知識、技術、創新概念和管理方法的總稱。員工的待遇福利、知識水準、發展前景等因素均為人力資源的有機組成部分。因此，本書主要從員工待遇、工作環境、培訓、員工穩定性和職業發展五方面內容，設置12個指標對其進行歸類，以期能夠綜合考察一個企業的人力資源信息情況。具體指標與計量方式見表5-4。

表5-4 綜合報告人力資源信息指標體系

| 項目 | 指標 | 指標定義及計量方式 |
| --- | --- | --- |
| 員工待遇 | 員工薪酬 | 公司本年度員工薪酬的總額 |
| | 員工社會保障 | 公司為員工繳納保險 |
| | 員工福利 | 公司本年度人均工會經費及福利支出 |
| | 員工合法權益 | 公司保障職工合法權益的效率和效果的一系列政策 |
| 工作環境 | 勞保支出 | 公司本年度人均勞保費用支出 |
| | 辦公改造 | 公司本年度人均辦公環境改造支出 |
| 培訓 | 帶薪培訓 | 公司本年度組織員工培訓費用支出 |
| | 學歷程度 | 公司高學歷員工所占比例（碩士以上） |
| 員工穩定性 | 員工流失率 | 公司本年度員工離職率 |
| | 員工工齡 | 公司員工在本公司的平均工齡 |
| 職業發展 | 員工薪酬增長率 | 公司本年度員工薪酬的增長幅度 |
| | 員工升職率 | 公司本年度員工職位晉升比例 |

（5）公司治理信息

公司治理是實現企業戰略目標和企業績效的保障手段之一，良好的公司治理制度及其實踐能夠提升企業創造可持續性價值的能力。綜合報告作為企業可持續性價值信息的載體，應當披露公司的治理結構如何影響企業在短期、中期和長期創造可持續性價值的能力。現有研究認為：①企業綜合報告中應披露公司的領導結構信息。②企業綜合報告應當披露企業戰略、企業文化方面的具體信息。③企業綜合報告應當對公司治理實踐的合規狀況，企業文化、道德和價值觀予以公示。④應當反應企業與關鍵利益相關者之間的關係，及其如何作用於資本的影響和使用；管理層為推進企業的可持續性價值創造所承擔的責任信息；公司的薪酬和激勵機制如何與企業經營績效掛勾。

公司治理部分，我們仍舊以國際上發布的與綜合報告相關的各類標準和發布綜合報告的企業實踐為基礎，採用與公司治理有關聯的指標對公司治理狀況進行概述。本書在對已有研究結論進行重點借鑑的基礎上，重點關注了綜合報告編製過程中的信息來源問題，充分考慮了綜合報告編製過程的可行性，對公司股權結構、股東層、董事會、監事會、公司管理層的相關信息進行概括，從五個方面共設置了12個指標。具體指標與計量方式見表5-5。

表5-5 綜合報告治理信息指標體系

| 項目 | 指標 | 指標定義及計量方式 |
| --- | --- | --- |
| 股權結構 | 股權集中度 | 第一大股東持股比例 |
| | 股權制衡 | 第二至第五大股東持股比例之和與第一大股東持股比例之比 |
| | 擁有母公司 | 擁有母公司為1，否則為0 |
| | 機構投資者 | 機構投資者持股比率 |
| 控股股東 | 控股股東擔保金額 | 公司為控股股東擔保金額 |
| | 控股股東占用資金 | 控股股東占用公司的資金 |
| 董事會 | 獨立董事比例 | 獨立董事占董事會人員比例 |
| | 專業委員會個數 | 各專業委員會設立情況，設立為1，否則為0 |
| 監事會 | 獨立監事比例 | 獨立監事占監事會人員比例 |
| | 監事會召開次數 | 年度監事會召開次數 |
| 管理層 | 兩職合一 | 董事長和總經理為同一人為1，否則為0 |
| | 高管人員的薪酬 | 各高管的薪酬 |

在本章中，我們參考國際上關於企業綜合報告的理論研究、企業可持續發展信息報表和專項報告的相關研究，設計了以提升企業價值最大化為總體目標的綜合報告指標體系，為實現目標需要遵循五個原則，即整體性原則、相關性原則、可比性原則、可靠性原則和系統性原則。本章闡述了綜合報告指標體系的構建方法，即AHP層次分析法和專家法，以及構建綜合報告指標體系的三層次思路。根據中國國際披露標準及中國涉及的過往文獻，本章分三個篩選步驟，篩選得到綜合報告項目指標60個，初步搭建了一套涵蓋財務信息、環境信息、社會關係信息、人力資源信息和公司治理信息五個維度，涉及60個指標的中國綜合報告指標體系框架（簡稱五維度60個指標框架）。

# 6 中國企業綜合報告指標體系框架的優化設計

前一章根據國際上發布的綜合報告、相關文獻以及非財務報告的各類標準，建立了綜合報告指標體系的框架（簡稱「初框架」）。本章希望建立一個專業、系統、可行的符合中國企業具體情況的優化綜合報告指標體系[①]，將對框架進行優化設計，也就是中國企業綜合報告信息使用者需要哪些信息，發布者能不能提供、需不需要提供這些信息，這都將從問卷調查中得出，並用AHP層次分析法計算確定五維度35個指標的權重，再通過一致性分析來解決。本章我們按次序完成兩份問卷的設計和信息收集篩選工作，分別就中國企業綜合報告指標體系的相關指標的重要性、可行性、權重信息，對專家學者、企業綜合報告信息使用者和發布者進行問卷調查，並將調查結論用層次分析法進行重點研究論證。本章包括以下內容：第一節為中國企業綜合報告指標專家調查問卷部分，包括問卷設計與問卷發放，以及對問卷信息的統計分析和信度檢驗。初框架的五維度60個指標，經過這一輪專家學者對指標重要性的篩選得到五維度52個指標，此部分重點關注專家學者對中國企業綜合報告指標選擇的意見和建議。第二節為中國企業綜合報告指標信息使用者和發布者調查問卷分析，本部分重新設計了問卷，發放問卷並對新問卷信息進行了統計分析和信度檢驗。此部分問卷，要求受訪者一是對指標重要性進行選擇，二是對企業受訪者增添了指標可行性的選擇，經過受訪者對初篩後的五維度52個指標重要性篩選得到五維度35個指標。第三節，在前兩步篩選基礎上，將最終形成的五維度35個指標的精簡優選框架作為研究重點。第三節採用層次分析法及德爾菲法，一是確立綜合報告指標體系框架的構建原則在企業價值提升體系中

---

[①] 本章設計構建的中國企業綜合報告指標體系是指適用於目前中國暫時沒有開始實施綜合報告的情況，得到相關專家認可的，多數企業能夠自願公布的，既能反應企業價值創造能力又能基本滿足信息使用者對企業綜合報告需求的核心指標體系。

的維度方案一級指標，用所得數據檢驗了它們的一致性；二是計算了企業綜合報告發布體系框架中，企業財務信息、人力資源信息、社會關係信息、治理信息、環境信息等維度方案一級指標所占權重；三是在取得一級指標所占權重及35個二級指標重要性分值的基礎下，採用歸一法對二級指標賦權。從調查結果及分層結果不難看出，綜合報告指標體系是得到專家認可且多數企業能夠自願公布的，既能反應企業價值創造能力又能基本滿足信息使用者對企業綜合報告需求的指標體系。

## 6.1　企業綜合報告指標專家調查問卷分析

### 6.1.1　問卷設計

本節首先針對綜合報告的指標選擇，對專家進行問卷調查，由專家對前文設計的指標體系進行評估，對所選指標進行篩選、精簡。如前文所述，本書力圖設定較為完整的綜合報告體系，以提升社會各界對企業可持續發展和價值創造信息的瞭解，因而要確保企業綜合報告所提供的相關指標信息具有重要的決策價值。若綜合報告所要求的指標對企業實際經營狀況、可持續發展情況缺乏代表性，指標體系本身決策價值不高，綜合報告的編製目標就難以實現。我們採用的專家調查問卷就是為了這一目的設計的，我們通過對企業綜合報告信息相關指標進行科學合理的篩選，為下一步相關指標可行性確認和評估權重設定的相關研究奠定基礎。

為保證問卷設計的合理性與完備性，筆者在問卷發放之前，多次對包括筆者導師在內的多位專家、學者進行訪談，詢問相關建議。2016年9月至2016年10月，筆者與包括研究指導老師在內的多位專家學者，以每週日一次的頻率，定期召開討論例會，對問卷指標選取標準、問卷設計等問題進行討論，解決遇到的問題，共持續了6週日。在此期間，筆者就問卷設計諮詢了對企業綜合報告具有相關研究經驗或相關信息調研經驗的9位專家，其中包括企業可持續發展和企業綜合報告研究領域的教授、副教授共6人。

在上述準備工作的基礎上，筆者參考已有研究成果，按照以五個大類60項指標為基礎的指標體系，對問卷主體框架進行了設置，在考察參評者對指標重要性的評估時，本書參考了相關研究常用的六值打分法量表（吉利 等，2013；鄧博夫，2015）的問題設置方式。在根據專家意見反覆修改之後，於2016年10月15日完成了「中國企業綜合報告指標體系專家調查問卷」設計

工作，該調查問卷包括導言、主體和背景資料（包括 6 個人口統計學變量）三個部分，問卷篇幅為 4 頁 A4 紙。

導言部分主要向被調查者說明本次問卷調查的目的、內容和意義，期望引起被調查者的重視和興趣，積極地配合調查；此外，還包括問卷的填寫方法（在相應選項的位置打鈎）、保密承諾（僅供學術研究之用，決不私自挪作他用）、問卷調查時間（於 2016 年 10 月 31 日截止）、電子問卷回復的郵箱和對被調查者的感謝。

問卷主體部分，根據已有研究、現有企業披露報告以及相關專家對問卷設計的意見，確立了五維度 60 個指標，指標涵蓋了企業經營活動中所涉及的財務信息、環境信息、社會關係信息、人力資源信息以及公司治理信息多方面的內容。在問卷表格中，對於每一項指標，都會給出具體定義以及相關計算公式，以便於被調查者理解相關概念。此外，在對相關變量重要性進行評估的時候，本部分問卷主體部分採用了中國研究中使用較為廣泛的六值打分法（吉利 等，2013；鄧博夫，2015），要求被調查者對相關指標的重要性進行評價，1 至 6 分別表示「完全不重要」「不重要」「有點不重要」「有點重要」「重要」和「非常重要」。需要指出的是，本書採用六值打分法的目的在於避免中國人的中庸思想對調研結論的影響。相比於奇數量表（五值打分、七值打分等），六值打分法將人們的態度分為正向態度和負向態度兩類，避免人們選擇中間項的傾向。而且研究表明，量表是採用奇數目分類還是採用偶數目分類，不會導致測量結果產生本質上的差異（Tull et al., 1980）。問卷的題項設計參考了國內外已有的成熟問卷（張正勇 等，2012；張正勇 等，2012），並根據企業綜合報告研究領域多位專家所提出的意見反覆修改，以確保問卷設計的有效性。

背景資料部分為人口統計學信息，用於對受訪者個體特徵的調查，包括對受訪者性別、年齡、工作年限、研究方向、職稱和學歷 6 個人口統計學問題的詢問。

### 6.1.2 問卷發放與回收

本部分問卷發放過程認真嚴格，做到先問斷後不亂，在問卷投放之前先與企業綜合報告這一研究領域的部分專家、學者進行了初步溝通，在確認其願意參與調查的基礎上，我們採用電子郵件和現場發放問卷的方式，向其發放問卷。因為本問卷是針對專家的調查問卷，就需要被調查者熟悉、瞭解企業可持續發展、企業綜合報告等相關內容，所以本研究通過下列三個標準選擇問卷調

查對象：①在核心期刊發表過社會責任相關研究成果；②主持或參與過社會責任相關課題；③上市公司、品牌會計和審計師事務所中取得註冊會計師資格並具有實踐經驗的專業人士。問卷調查對象需要至少滿足上述三個條件之一。

根據這一標準，本書確定了115位問卷調查對象，他們是高校的研究生和教師，學歷都在碩士及以上，比較瞭解企業綜合報告、企業可持續發展相關問題，能夠較好地理解問卷。本問卷發放和回收期限為2016年10月16日至2016年10月31日，共15天。發放紙質問卷80份，回收80份，占樣本的80%，回收率100%；通過電子郵件發放35份，回收20份，占樣本的20%，回收率57.1%；為保證數據質量，筆者對回收的問卷進行了認真核實，未發現漏填題項、全部題項都選同一分值以及明顯邏輯錯誤的無效問卷。為檢驗電子郵件和現場發放兩種方式收回的問卷數據是否可以合併，筆者用Stata 13.0對數據進行了雙樣本T檢驗。發現兩者差異的T值為1.75，P值為0.182，不存在顯著差異，可以合併在一起。問卷調查數據及檢驗結果見表6-1。

表6-1　電子郵件和現場發放問卷回收數據雙樣本T檢驗

| 發放方式 | 發放份數 | 回收份數 | 回收率 | 均值 | 標準差 | 差異 | T值 | P值 |
|---|---|---|---|---|---|---|---|---|
| 現場發放 | 80 | 80 | 100% | 4.27 | 0.46 | -0.2 | 1.75 | 0.182 |
| 電子郵件 | 35 | 20 | 57.14% | 4.47 | 0.38 | | | |

表6-2描述了被調查專家學者的基本情況。從性別上來看，男性占50%，女性占50%，男性與女性的比例大致平衡；從年齡上來看，30歲及以下占51%，31~40歲占47%，41~50歲僅占2%，表明調查對象較年輕；從研究方向上來看，財務會計類占47%，經濟金融類占50%，非經濟金融、會計的其他經管類占比2%，其他專業占1%，可見專業比較統一；從職稱上來看，副教授及以上占24%，講師占54%，其他占22%，絕大部分具有講師及以上職稱；從學位構成上來看，本科以及本科以下0%，碩士研究生占81%，博士研究生占19%，被調查者絕大多數具有碩士研究生及以上學歷。具體數據見表6-2。

表6-2　被調查者的人口統計特徵描述

| 變量 | 人口統計變量 | 頻率 | 百分比 | 有效百分比 | 累計百分比 |
|---|---|---|---|---|---|
| 性別 | 男 | 50 | 50.0 | 50.0 | 50.0 |
| | 女 | 50 | 50.0 | 50.0 | 100.0 |

表6-2(續)

| 變量 | 人口統計變量 | 頻率 | 百分比 | 有效百分比 | 累計百分比 |
|---|---|---|---|---|---|
| 年齡 | 30歲以下 | 51 | 51.0 | 51.0 | 51.0 |
| | 31~40歲 | 47 | 47.0 | 47.0 | 98.0 |
| | 41~50歲 | 2 | 2.0 | 2.0 | 100.0 |
| 工作年限 | 5年以下 | 3 | 3.0 | 3.0 | 3.0 |
| | 5~10年 | 47 | 47.0 | 47.0 | 50.0 |
| | 10~15年 | 45 | 45.0 | 45.0 | 95.0 |
| | 15年以上 | 5 | 5.0 | 5.0 | 100.0 |
| 研究方向 | 非經濟金融、會計的其他經管類 | 2 | 2.0 | 2.0 | 2.0 |
| | 經濟金融類 | 50 | 50.0 | 50.0 | 52.0 |
| | 財務會計類 | 47 | 47.0 | 47.0 | 99.0 |
| | 其他 | 1 | 1.0 | 1.0 | 100.0 |
| 職稱 | 副教授及以上 | 24 | 24.0 | 24.0 | 24.0 |
| | 講師 | 54 | 54.0 | 54.0 | 78.0 |
| | 其他 | 22 | 22.0 | 22.0 | 100.0 |
| 學歷 | 本科以下 | 0 | 0.0 | 0.0 | 0.0 |
| | 本科 | 0 | 0.0 | 0.0 | 0.0 |
| | 碩士研究生 | 81 | 81.0 | 81.0 | 81.0 |
| | 博士研究生 | 19 | 19.0 | 19.0 | 100.0 |

### 6.1.3 專家問卷信息統計分析

(1) 信度檢驗

本小節側重於對問卷結果可信度的檢驗。根據研究所關注重點的差異，我們在檢驗問卷信息信度時，通常採用內在信度與外在信度兩種方法對相關問題進行探討。前者衡量量表中題項的一致性程度，即測量的是否是同一個問題；後者指在不同時間對同一對象測試時結果的一致性程度。本研究用SPSS 21.0對問卷量表進行內在信度檢驗，使用問卷調查中常用的Cronbachs'α係數作為測度方法。根據已有研究，問卷量表的Cronbach's α係數值應在0.6以上（總量表的信度係數最好在0.8以上，0.7~0.8可以接受；分量表的信度係數最好

在 0.7 以上，0.6~0.7 可以接受）。由表 6-3 可見，在《中國企業綜合報告指標體系專家調查問卷》主體部分相關各大類信息信度檢驗結果中，包括財務信息、環境信息、社會關係信息、人力資源信息以及治理信息在內的五維度指標，其信度評估指數 Cronbach's α 系數值均在 0.6 以上，有四個指標超過 0.7，說明各維度量表的內部信度較高，變量之問具有較好的一致信度。

表 6-3  企業綜合報告指標體系專家調查問卷信度分析

| 維度 | 各維度的 α 系數 | 項目數 | 問卷總體的 α 系數 |
|---|---|---|---|
| 財務信息 | 0.867 | 12 | 0.893 |
| 環境信息 | 0.681 | 12 | |
| 社會關係信息 | 0.734 | 12 | |
| 人力資源信息 | 0.817 | 12 | |
| 治理信息 | 0.703 | 12 | |

（2）效度檢驗

本研究採用探索性因子分析法對問卷分類維度進行效度檢驗，檢驗指標維度劃分的區分效度。研究表明，KMO 值在 0.7 以上時，適合進行因子分析，而小於 0.5 時不適合做因子分析。從表 6-4 可見，總體的 KMO 值為 0.64，結果顯示，問卷結果對目標特徵的反應具有較高的正確度。

表 6-4  KMO 檢驗和 Bartlett 球體檢驗結果

| KMO 樣本充足率檢驗 | | 0.640 |
|---|---|---|
| Bartlett 球體檢驗 | 近似卡方 | 3,862.328 |
| | 自由度 | 1,770 |
| | 顯著性 | 0.000 |

在探索性因子分析時，本書用主成分析法抽取特徵值都在 1 以上的因子，最大收斂性迭代次數為 25，因子旋轉方法為最大方差法，具體分析過程見附錄 4 效度檢驗（60 個指標）特徵值提取因子總方差情況表。分析總共提取了 11 個因子，11 個因子的累計方差貢獻達到 75.71%，見表 6-5a 和表 6-5b。其中「財務信息」維度下的 12 個指標聚類到 3 個因子（因子 1、因子 2 和因子 3）。因子載荷矩陣分析發現，因子 1 包含總資產、利潤和每股收益等信息，因子 2 包含經營活動、投資活動和籌資活動產生的現金流量淨額，因子 3 是現金及現金等價物淨增加額，都屬於財務資本維度之下。「環境信息」維度下的 12

個指標聚類到了2個因子（因子4、因子5），其中「三廢」排放、單位能耗、「三廢」循環利用被聚為一類（因子5），其他9個指標聚類到因子4。「社會關係信息」12個指標聚類到了2個因子（因子6、因子7），其中股東社會背景、董事社會背景、償債情況、與行業協會的關係被聚為一類（因子6），其他8個指標聚類到因子7。「人力資源信息」維度下的12個指標聚類到2個因子（因子8和因子9），因子8主要是員工薪酬、員工社會保障、員工福利等與員工利益切身相關的9個指標，因子9是勞保支出、辦公改造、學歷程度。「治理信息」維度下的12個指標聚類到2個因子（因子10和因子11），其中因子10包括股權集中度、股權制衡、控股股東擔保金額等7個指標，因子11包括機構投資者、專業委員會個數、高管人員的薪酬等5個指標。

表6-5a 綜合報告指標體系探索性因子分析

| 指標 | 財務信息 ||| 環境信息 ||
|---|---|---|---|---|---|
| | 因子1 | 因子2 | 因子3 | 因子4 | 因子5 |
| 總資產 | 0.645 | | | | |
| 所有者權益 | 0.435 | | | | |
| 總負債 | 0.673 | | | | |
| 淨利潤 | 0.723 | | | | |
| 淨資產收益率 | 0.533 | | | | |
| 主營業務收入 | 0.507 | | | | |
| 現金及現金等價物淨增加額 | | | 0.500 | | |
| 經營活動產生的現金流量淨額 | | 0.549 | | | |
| 投資活動產生的現金流量淨額 | | 0.508 | | | |
| 籌資活動產生的現金流量淨額 | | 0.628 | | | |
| 每股收益 | 0.676 | | | | |
| 每股自由現金流量 | 0.764 | | | | |
| 「三廢」排放 | | | | | 0.502 |
| 二氧化碳減排量 | | | | 0.710 | |
| 環保控制措施 | | | | 0.761 | |

表6-5a(續)

| 指標 | 財務信息 |||  環境信息 ||
|---|---|---|---|---|---|
|  | 因子1 | 因子2 | 因子3 | 因子4 | 因子5 |
| 能源消耗總量 |  |  |  | 0.582 |  |
| 萬元增加值綜合能耗 |  |  |  | 0.571 |  |
| 單位能耗 |  |  |  |  | 0.675 |
| 萬元產值綜合能耗 |  |  |  | 0.732 |  |
| 「三廢」循環利用 |  |  |  |  | 0.703 |
| 年度環保投資額 |  |  |  | 0.718 |  |
| 研發綠色環保產品支出 |  |  |  | 0.632 |  |
| 綠色環保產品產值 |  |  |  | 0.635 |  |
| 環保活動捐贈 |  |  |  | 0.814 |  |

表6-5b　綜合報告指標體系探索性因子分析

| 指標 | 社會關係信息 || 人力資源信息 || 治理信息 ||
|---|---|---|---|---|---|---|
|  | 因子6 | 因子7 | 因子8 | 因子9 | 因子10 | 因子11 |
| 股東社會背景 | 0.543 |  |  |  |  |  |
| 董事社會背景 | 0.576 |  |  |  |  |  |
| 償債情況 | 0.639 |  |  |  |  |  |
| 與銀行合作情況 |  | 0.597 |  |  |  |  |
| 與其他金融機構合作情況 |  | 0.537 |  |  |  |  |
| 與政府合作情況 |  | 0.703 |  |  |  |  |
| 與行業協會的關係 | 0.741 |  |  |  |  |  |
| 供應商關係及管理 |  | 0.574 |  |  |  |  |
| 產品及服務質量 |  | 0.509 |  |  |  |  |
| 市場佔有率 |  | 0.659 |  |  |  |  |
| 慈善捐贈 |  | 0.794 |  |  |  |  |
| 對政府履行的納稅責任 |  | 0.747 |  |  |  |  |
| 員工薪酬 |  |  | 0.620 |  |  |  |

表6-5b(續)

| 指標 | 社會關係信息 | | 人力資源信息 | | 治理信息 | |
|---|---|---|---|---|---|---|
| | 因子6 | 因子7 | 因子8 | 因子9 | 因子10 | 因子11 |
| 員工社會保障 | | | 0.700 | | | |
| 員工福利 | | | 0.788 | | | |
| 員工合法權益 | | | 0.595 | | | |
| 勞保支出 | | | | 0.618 | | |
| 辦公改造 | | | | 0.678 | | |
| 帶薪培訓 | | | | 0.605 | | |
| 學歷程度 | | | | 0.523 | | |
| 員工流失率 | | | 0.699 | | | |
| 員工工齡 | | | 0.619 | | | |
| 員工薪酬增長率 | | | 0.607 | | | |
| 員工升職率 | | | 0.847 | | | |
| 股權集中度 | | | | | 0.713 | |
| 股權制衡 | | | | | 0.604 | |
| 擁有母公司 | | | | | 0.760 | |
| 機構投資者 | | | | | | 0.658 |
| 控股股東擔保金額 | | | | | 0.630 | |
| 控股股東占用資金 | | | | | 0.676 | |
| 獨立董事比例 | | | | | 0.717 | |
| 專業委員會個數 | | | | | | 0.628 |
| 獨立監事比例 | | | | | 0.532 | |
| 監事會召開次數 | | | | | | 0.637 |
| 兩職合一 | | | | | | 0.698 |
| 高管人員的薪酬 | | | | | | 0.529 |

### 6.1.4 專家調查問卷結果分析

如前文反覆強調的，本書的研究目的在於尋找一個較為完善的綜合指標體

系應用於中國企業綜合報告，因而我們需要保證相關指標至少單獨而言，均具有一定程度的重要性，所以就需要篩選出決策價值高的企業綜合信息指標。本部分我們將根據專家調查問卷中，對五維度60個變量重要性的評價結果進行統計分析。按照前文所述企業綜合報告指標體系框架，本節分別從「財務信息」「環境信息」「社會關係信息」「人力資源信息」「公司治理信息」五個大類對相關指標進行篩選。考慮到本部分調查問卷所採用的六值打分法調查體系，按照相關研究中慣用的篩選標準，當變量均值為4及以上時，顯示被調查者認為該指標在企業綜合報告指標體系中具有一定的重要性，否則該項指標在這個指標體系中並不具有重要性，我們則相應地在最終指標體系中刪減此項指標。下面我們將分五個部分對相關指標進行篩選。

（1）篩選財務信息指標

表6-6是12項企業財務信息相關指標調研結果的描述性統計按均值降序排列的結果。從表6-6中我們可以看出所有指標的均值都在4.0以上。其中淨利潤、總資產、所有者權益、籌資活動產生的現金流量淨額4項指標均值在5.0以上，說明在被調查者看來，這些指標在企業綜合報告指標體系中應具有較為重要的作用，應保留在最終的指標體系中。此外，主營業務收入、投資活動產生的現金流量淨額、總負債、每股收益、經營活動產生的現金流量淨額、淨資產收益率6項指標的均值均在4.5以上，現金及現金等價物淨增加額、每股自由現金流量指標評估均值在4.0以上，說明上述指標同樣滿足評估均值在4.0以上的要求，應在最終綜合報告指標體系中予以保留。因此，此部分的指標篩選中，我們將保留前文提出的12項企業財務信息相關指標。

表6-6　財務信息指標描述統計

| 指標 | 個案數 | 最小值 | 最大值 | 均值 | 標準差 |
| --- | --- | --- | --- | --- | --- |
| 淨利潤 | 100 | 4 | 6 | 5.51 | 0.659 |
| 總資產 | 100 | 4 | 6 | 5.45 | 0.783 |
| 所有者權益 | 100 | 3 | 6 | 5.14 | 0.899 |
| 籌資活動產生的現金流量淨額 | 100 | 2 | 6 | 5.03 | 1.020 |
| 主營業務收入 | 100 | 2 | 6 | 4.76 | 1.026 |
| 投資活動產生的現金流量淨額 | 100 | 2 | 6 | 4.69 | 1.383 |
| 總負債 | 100 | 2 | 6 | 4.68 | 1.034 |

表6-6(續)

| 指標 | 個案數 | 最小值 | 最大值 | 均值 | 標準差 |
|---|---|---|---|---|---|
| 每股收益 | 100 | 1 | 6 | 4.62 | 1.052 |
| 經營活動產生的現金流量淨額 | 100 | 1 | 6 | 4.53 | 1.381 |
| 淨資產收益率 | 100 | 2 | 6 | 4.50 | 1.049 |
| 現金及現金等價物淨增加額 | 100 | 1 | 6 | 4.48 | 0.990 |
| 每股自由現金流量 | 100 | 1 | 6 | 4.15 | 1.298 |

（2）篩選環境信息指標

表6-7是12項企業環境信息相關指標調查結果的描述性統計，按均值降序排列的結果。從表6-7中我們可以看出年度環保投資額、「三廢」循環利用、研發綠色環保產品支出、綠色環保產品產值、「三廢」排放、二氧化碳減排量、環保活動捐贈、萬元產值綜合能耗、能源消耗總量、單位能耗10項指標的均值在4.0以上；而萬元增加值綜合能耗、環保控制措施兩項指標的評估均值在4.0以下，被調研對象認為企業填報計算萬元增加值綜合能耗指標有難度，環保控制措施指標不好量化，應剔除。因此，此部分的指標篩選中，我們將保留前文提出的12項企業社會信息相關指標中的10項。

表6-7 環境信息描述統計

| 指標 | 個案數 | 最小值 | 最大值 | 均值 | 標準差 |
|---|---|---|---|---|---|
| 年度環保投資額 | 100 | 2 | 6 | 4.71 | 1.131 |
| 「三廢」循環利用 | 100 | 1 | 6 | 4.67 | 1.256 |
| 研發綠色環保產品支出 | 100 | 2 | 6 | 4.50 | 1.176 |
| 綠色環保產品產值 | 100 | 3 | 6 | 4.22 | 0.760 |
| 「三廢」排放 | 100 | 2 | 6 | 4.17 | 1.055 |
| 二氧化碳減排量 | 100 | 2 | 6 | 4.14 | 0.985 |
| 環保活動捐贈 | 100 | 2 | 6 | 4.13 | 0.787 |
| 萬元產值綜合能耗 | 100 | 1 | 5 | 4.11 | 1.004 |
| 能源消耗總量 | 100 | 2 | 5 | 4.10 | 0.772 |
| 單位能耗 | 100 | 2 | 5 | 4.00 | 0.804 |

表6-7(續)

| 指標 | 個案數 | 最小值 | 最大值 | 均值 | 標準差 |
|------|--------|--------|--------|------|--------|
| 萬元增加值綜合能耗 | 100 | 2 | 5 | 3.81 | 0.813 |
| 環保控制措施 | 100 | 1 | 5 | 3.80 | 0.778 |

(3) 篩選社會關係信息指標

表6-8是12項企業社會信息相關指標調研結果的描述性統計，按均值降序排列的結果。從表6-8中我們可以看出有11項指標的均值在4.0以上，其中產品及服務質量、與政府合作情況、償債情況、股東社會背景、董事社會背景指標均值在4.5以上，說明在被調查者看來，上述指標在企業綜合報告指標體系中應具有較為重要的作用，應保留在最終的指標體系中。此外，與行業協會的關係、與銀行合作情況、市場佔有率、供應商關係及管理、慈善捐贈、對政府履行的納稅責任指標評估均值在4.0以上，說明上述指標同樣滿足評估均值在4.0以上的要求，應在最終綜合報告指標體系中予以保留。最後我們發現與其他金融機構合作情況指標的評估均值在4.0以下，說明被調研對象認為該項指標在綜合報告指標體系中並不重要，應剔除。因此，在此部分的指標篩選中，我們將保留前文提出的12項企業社會信息相關指標中的11項。

表6-8 社會關係信息指標描述統計

| 指標 | 個案數 | 最小值 | 最大值 | 均值 | 標準差 |
|------|--------|--------|--------|------|--------|
| 產品及服務質量 | 100 | 4 | 6 | 4.90 | 0.798 |
| 與政府合作情況 | 100 | 2 | 6 | 4.61 | 0.973 |
| 償債情況 | 100 | 1 | 6 | 4.60 | 1.064 |
| 股東社會背景 | 100 | 2 | 6 | 4.56 | 1.038 |
| 董事社會背景 | 100 | 1 | 6 | 4.50 | 1.227 |
| 與行業協會的關係 | 100 | 1 | 6 | 4.48 | 1.314 |
| 與銀行合作情況 | 100 | 1 | 6 | 4.42 | 1.241 |
| 市場佔有率 | 100 | 1 | 6 | 4.36 | 1.115 |
| 供應商關係及管理 | 100 | 1 | 6 | 4.17 | 1.341 |
| 慈善捐贈 | 100 | 2 | 6 | 4.16 | 1.051 |
| 對政府履行的納稅責任 | 100 | 1 | 6 | 4.10 | 1.133 |
| 與其他金融機構合作情況 | 100 | 1 | 6 | 3.79 | 1.266 |

(4) 篩選人力資源信息指標

表6-9是12項企業人力資源信息相關指標調研結果的描述性統計，按均值降序排列的結果。員工薪酬、勞保支出、員工流失率、帶薪培訓、學歷程度、員工合法權益、員工工齡、員工薪酬增長率、員工升職率9項指標的均值均在4.0以上，說明上述指標同樣滿足評估均值在4.0以上的要求，應在最終綜合報告指標體系中予以保留；而辦公改造、員工社會保障、員工福利這3項指標的評估均值都在4.0以下，說明被調研對象認為該項指標在綜合報告指標體系中的作用不重要。專家們在意見欄中普遍反應：一是員工社會保障、員工福利兩項指標，建議可由員工合法權益指標涵蓋，為避免重複應剔除；二是辦公改造不是每個企業每年都會發生，設置意義不大。因此，在此部分的指標篩選中，我們將保留前文提出的12項企業人力資源信息相關指標中的前9項。

表6-9 人力資源信息指標描述統計

| 指標 | 個案數 | 最小值 | 最大值 | 均值 | 標準差 |
| --- | --- | --- | --- | --- | --- |
| 員工薪酬 | 100 | 3 | 6 | 5.06 | 1.205 |
| 勞保支出 | 100 | 1 | 6 | 4.95 | 1.029 |
| 員工流失率 | 100 | 1 | 6 | 4.94 | 1.213 |
| 帶薪培訓 | 100 | 3 | 6 | 4.82 | 1.058 |
| 學歷程度 | 100 | 1 | 6 | 4.70 | 1.159 |
| 員工合法權益 | 100 | 1 | 6 | 4.61 | 1.127 |
| 員工工齡 | 100 | 1 | 6 | 4.59 | 1.223 |
| 員工薪酬增長率 | 100 | 2 | 6 | 4.50 | 1.176 |
| 員工升職率 | 100 | 2 | 6 | 4.30 | 1.159 |
| 辦公改造 | 100 | 1 | 6 | 3.95 | 1.077 |
| 員工社會保障 | 100 | 2 | 5 | 3.93 | 0.879 |
| 員工福利 | 100 | 1 | 6 | 3.89 | 1.136 |

(5) 篩選公司治理信息指標

表6-10是12項公司治理信息相關指標調研結果的描述性統計，按均值降序排列的結果。從表6-10中我們可以看出股權集中度、控股股東擔保金額、獨立董事比例、專業委員會個數、控股股東占用資金、股權制衡、獨立監事比例、高管人員的薪酬、兩職合一、監事會召開次數10項指標的均值在4.0以

上；而擁有母公司和機構投資者 2 項指標的評估均值在 4.0 以下，說明被調研對象認為這 2 項指標在綜合報告指標體系中並不重要，應剔除。我們將保留前文提出的 12 項企業社會關係信息相關指標中的 10 項。

表 6-10　公司治理信息指標描述統計

| 指標 | 個案數 | 最小值 | 最大值 | 均值 | 標準差 |
|---|---|---|---|---|---|
| 股權集中度 | 100 | 1 | 6 | 4.58 | 1.121 |
| 控股股東擔保金額 | 100 | 1 | 6 | 4.42 | 1.241 |
| 獨立董事比例 | 100 | 2 | 6 | 4.25 | 0.869 |
| 專業委員會個數 | 100 | 2 | 6 | 4.23 | 1.072 |
| 控股股東占用資金 | 100 | 1 | 6 | 4.18 | 1.175 |
| 股權制衡 | 100 | 1 | 6 | 4.17 | 0.766 |
| 獨立監事比例 | 100 | 2 | 6 | 4.13 | 0.981 |
| 高管人員的薪酬 | 100 | 2 | 6 | 4.09 | 0.975 |
| 兩職合一 | 100 | 2 | 6 | 4.08 | 0.895 |
| 監事會召開次數 | 100 | 2 | 6 | 4.06 | 0.941 |
| 擁有母公司 | 100 | 1 | 5 | 3.78 | 0.905 |
| 機構投資者 | 100 | 2 | 5 | 3.75 | 0.744 |

根據第一輪專家問卷調查結果，我們已將五維度 60 個指標按重要程度排隊篩選得出五維度 52 個指標，如表 6-11 所示。

表 6-11　企業綜合報告指標第一輪優化體系

| 維度 | 指標個數 | 指標構成 |
|---|---|---|
| 財務信息 | 12 | 淨利潤、總資產、所有者權益、籌資活動產生的現金流量淨額、主營業務收入、投資活動產生的現金流量淨額、總負債、每股收益、經營活動產生的現金流量淨額、淨資產收益率、現金及現金等價物淨增加額、每股自由現金流量 |
| 環境信息 | 10 | 年度環保投資額、「三廢」循環利用、研發綠色環保產品支出、綠色環保產品產值、「三廢」排放、二氧化碳減排量、環保活動捐贈、萬元產值綜合能耗、能源消耗總量、單位能耗 |

表6-11(續)

| 維度 | 指標個數 | 指標構成 |
| --- | --- | --- |
| 社會關係信息 | 11 | 產品及服務質量、與政府合作情況、償債情況、股東社會背景、董事社會背景、與行業協會的關係、與銀行合作情況、市場佔有率、供應商關係及管理、慈善捐贈、對政府履行的納稅責任 |
| 人力資源信息 | 9 | 員工薪酬、勞保支出、員工流失率、帶薪培訓、學歷程度、員工合法權益、員工工齡、員工薪酬增長率、員工升職率 |
| 公司治理信息 | 10 | 股權集中度、控股股東擔保金額、獨立董事比例、專業委員會個數、控股股東佔用資金、股權制衡、獨立監事比例、高管人員的薪酬、兩職合一、監事會召開次數 |

## 6.2 企業綜合報告指標信息使用者、發布者調查問卷

### 6.2.1 問卷設計和調查對象

本節我們將從指標信息使用者和發布者的角度對第一輪篩選出的指標體系進一步開展重要性及可行性調查。本節的研究方法仍然採用問卷調查法，對發布及使用綜合報告的相關工作人員進行訪問調查。結合本章前一節的問卷，我們設計了「中國企業綜合報告指標體系信息使用者及發布者調查問卷」，問卷包括導言、主體（包括篩選出的5維度52個企業信息指標，每個指標均有相應的示例、公式進行輔助說明）和背景資料（包括6個人口統計學變量）三個部分。

導言部分主要向被調查者說明本次問卷調查的目的、內容和意義，期望引起被調查者的重視和興趣，使其積極地配合調查；此外，還包括問卷的填寫方法（在相應選項的位置打鈎）、保密承諾（僅供學術研究之用，決不私自挪作他用）、問卷調查時間（於2016年11月30日截止）和對被調查者的感謝。

問卷主體部分，根據本章第一節所確定的指標體系設置，共包括五維度52個指標。指標涵蓋了企業經營活動中所涉及的「財務信息」「環境信息」「社會關係信息」「人力資源信息」「公司治理信息」五個維度的內容。在問卷表格中，對於每一項指標，都會給出具體定義以及相關計算公式，以便於被調查者理解相關概念。此外，在對相關變量進行評估時，本部分問卷主體部分繼

續採用了中國研究中使用較為廣泛的六值打分法（吉利 等，2013；鄧博夫，2015），要求被調查者對相關指標的重要性進行評價，1至6分分別表示「完全不重要」「不重要」「有點不重要」「有點重要」「重要」和「非常重要」。問卷的題項設計參考了國內外已有的成熟問卷，並根據企業綜合報告研究領域多位專家所提出的意見反覆修改，保證了問卷的效度和信度。

問卷最後還包括了人口統計學信息部分，用於對受訪者個體特徵的調查，包括對受訪者性別、年齡、工作年限、從事行業、職業和學歷6個人口統計學問題的詢問。問卷共設計了三個部分。

### 6.2.2 問卷發放與回收

（1）問卷發放和回收情況

如前文所述，企業綜合報告是一個較為系統性、專業性的綜合報告體系，在信息收集、指標計算、情況解釋、報告成文的各個階段均需要報告編寫者具有較高的專業水準以及豐富的工作經驗。這部分的研究更加強調企業綜合報告編製過程中所涉及的指標信息的可行性、準確性問題。因此，筆者將此部分調研對象設定為綜合報告信息使用者和發布者。2016年11月15日至11月30日，筆者累計發放700份問卷，回收500份，見表6-12。

表6-12　電子郵件和現場發放問卷回收數據雙樣本T檢驗

| 發放方式 | 發放份數 | 回收份數 | 回收率/% |
| --- | --- | --- | --- |
| 電子郵件和現場發放 | 700 | 500 | 71.4 |
| 其中：企業發放 | 350 | 237 | 67.7 |

（2）被調查者基本情況

為了保證綜合報告指標體系的社會認知度，筆者採取了重點發放及典型發放的方法：一是為掌握企業的填報情況，筆者爭取到省財政廳所屬會計協會的支持，在2016年11月21日四川省會計學會召開的年會上，向協會會員們發放調查問卷，發放問卷350份，收回問卷237份；二是為增加信息使用者的廣度，選擇了一產業及二、三產業的重點人群，如向川大MBA的學員發放30份問卷並收回30份，在工商銀行武侯支行11月18日舉辦的客戶沙龍和招商銀行光華支行11月22日舉辦的客戶沙龍上發放問卷300份，收回問卷213份；三是在青羊證券公司股票交易大廳發放問卷20份，收回問卷20份。調查結果如表6-13所示。

表 6-13 被調查者的基本情況描述

| 變量 | 人口統計變量 | 頻率 | 百分比/% | 有效百分比/% | 累計百分比/% |
|---|---|---|---|---|---|
| 性別 | 男 | 241 | 48.2 | 48.2 | 48.2 |
| | 女 | 259 | 51.8 | 51.8 | 100 |
| 年齡 | 30 歲及以下 | 235 | 47 | 47 | 47 |
| | 31~40 歲 | 252 | 50.4 | 50.4 | 97.4 |
| | 41~50 歲 | 13 | 2.6 | 2.6 | 100 |
| 工作年限 | 5 年及以下 | 24 | 4.8 | 4.8 | 4.8 |
| | 6~10 年 | 214 | 42.8 | 42.8 | 47.6 |
| | 11~20 年 | 242 | 48.4 | 48.4 | 96 |
| | 20 年以上 | 20 | 4 | 4 | 100 |
| 從事行業 | 機關單位 | 231 | 46.2 | 46.2 | 46.2 |
| | 企業 | 237 | 47.4 | 47.4 | 93.6 |
| | 事業單位 | 21 | 4.2 | 4.2 | 97.8 |
| | 其他 | 11 | 2.2 | 2.2 | 100 |
| 學歷 | 博士研究生 | 13 | 2.6 | 2.6 | 2.6 |
| | 碩士研究生 | 209 | 41.8 | 41.8 | 44.4 |
| | 本科 | 199 | 39.8 | 39.8 | 84.2 |
| | 專科及以下 | 79 | 15.8 | 15.8 | 100 |

表 6-13 描述了第二次問卷調查中被調查者的基本情況。從性別上來看，男性占 48.2%，女性占 51.8%，男性與女性的比例大致平衡；從年齡上來看，30 歲及以下的占 47%，31~40 歲的占 50.4%，41~50 歲的僅占 2.6%，表明調查對象較年輕；從工作年限上來看，5 年及以下占 4.8%，6~10 年占 42.8%，11~20 年占 48.4%，20 年以上占 4%，可見調查對象都具有較為豐富的工作經驗；從從事行業上來看，機關單位占 46.2%，企業占 47.4%，事業單位占 4.2%，其他占 2.2%；從學歷構成上來看，專科及以下占 15.8%，本科占 39.8%，碩士研究生占 41.8%，博士研究生占 2.6%，被調查者絕大多數具有碩士研究生及以上學歷。

### 6.2.3 企業綜合報告指標信息使用者及發布者問卷信息統計分析[①]

(1) 信度檢驗

通過第一次專家調查,我們在問卷中增加了能否發布指標的項目調查,用篩選出來的52個指標,調查了500名信息發布者和使用者,現對結果可信度進行進一步檢驗。同樣根據前文所提的信度檢驗方法,對問卷量表進行內在信度檢驗,使用問卷調查中常用的Cronbachs'α係數作為測度方法。根據已有研究,問卷量表的Cronbach's α係數值應在0.6以上(總量表的信度係數最好在0.8以上,0.7~0.8可以接受;分量表的信度係數最好在0.7以上,0.6~0.7可以接受)。由表6-14可見,在「企業綜合報告指標體系信息使用者及發布者問卷」主體部分相關各大類信息信度檢驗結果中,包括財務信息、環境信息、社會關係信息、人力資源信息以及公司治理信息在內的五類指標,其信度評估指數Cronbach's α係數值,財務信息、社會關係信息均超過0.8,說明這2個維度量表的内部信度較高,變量之間具有較好的一致信度;環境信息、人力資源信息和公司治理信息信度指數Cronbach's α係數值也達到0.6以上,信度係數在可接受範圍以内。

表6-14 企業綜合報告指標體系信息使用者及發布者問卷信度分析

| 維度 | 各維度的α係數 | 項目數 | 問卷總體的α係數 |
| --- | --- | --- | --- |
| 財務信息 | 0.861 | 12 | 0.882 |
| 環境信息 | 0.608 | 10 | |
| 社會關係信息 | 0.805 | 11 | |
| 人力資源信息 | 0.703 | 9 | |
| 公司治理信息 | 0.636 | 10 | |

(2) 效度檢驗

對本次調查的500個樣本進行效度檢驗,從表6-15可見,總體的KMO值等於0.846,結果顯示,問卷結果對目標特徵的反應具有較高的正確度。

---

[①] 本部分使用的研究方法與前文一致,個別方法不再贅述。

表 6-15　KMO 檢驗和 Bartlett 球體檢驗結果

| KMO 樣本充足率檢驗 | | 0.846 |
|---|---|---|
| Bartlett 球體檢驗 | 近似卡方 | 18,038.112 |
| | 自由度 | 1,326 |
| | 顯著性 | 0.000 |

同樣用探索性因子分析，用主成分分析法抽取特徵值都在 1 以上因子，最大收斂性迭代次數為 25，旋轉方法為最大方差法，分析結果見附錄 5 效度檢驗（52 個指標）特徵值提取因子總方差情況表。分析總共提取了 10 個因子，10 個因子的累計方差貢獻達到 73.50%。

表 6-16a 和表 6-16b 的因載荷結果可見：「財務信息」維度下的 12 個指標聚類到 2 個因子（因子 1 和因子 2）。經過分析發現，因子 2 是經營活動、投資活動、籌資活動產生的現金流量淨額和現金及現金等價淨增加額 4 個指標，其餘 8 個指標聚類到了因子 1。「環境信息」維度下的 10 個指標聚類到了 2 個因子（因子 3 和因子 4），「三廢」排放、萬元產值綜合能耗、「三廢」循環利用聚類到了 1 個因子（因子 4），其餘 7 個指標聚類到了因子 3。「社會關係信息」11 個指標聚類到了 2 個因子（因子 5、因子 6），其中股東社會背景、董事社會背景、與行業協會的關係被聚為一類（因子 5），其餘 8 個指標聚類到因子 6。「人力資源信息」維度下的 9 個指標聚類到 2 個因子（因子 7 和因子 8），勞保支出和學歷程度被聚類到了因子 8，其餘 7 個指標被聚為一類（因子 7）。「公司治理信息」維度下的 10 個指標聚類到了 2 個因子（因子 9、因子 10），控股股東擔保金額、控股股東占用資金、專業委員會個數、高管人員的薪酬聚類到 1 個因子（因子 9），其餘指標聚到了因子 10。

表 6-16a　企業綜合報告指標信息使用者及發布者探索性因子分析

| 指標 | 財務信息 | | 環境信息 | |
|---|---|---|---|---|
| | 因子 1 | 因子 2 | 因子 3 | 因子 4 |
| 總資產 | 0.688 | | | |
| 所有者權益 | 0.594 | | | |
| 總負債 | 0.587 | | | |
| 淨利潤 | 0.601 | | | |
| 淨資產收益率 | 0.739 | | | |

表6-16a(續)

| 指標 | 財務信息 | | 環境信息 | |
|---|---|---|---|---|
| | 因子1 | 因子2 | 因子3 | 因子4 |
| 主營業務收入 | 0.598 | | | |
| 現金及現金等價物淨增加額 | | 0.61 | | |
| 經營活動產生的現金流量淨額 | | 0.687 | | |
| 投資活動產生的現金流量淨額 | | 0.575 | | |
| 籌資活動產生的現金流量淨額 | | 0.588 | | |
| 每股收益 | 0.664 | | | |
| 每股自由現金流量 | 0.594 | | | |
| 「三廢」排放 | | | | 0.668 |
| 二氧化碳減排量 | | | 0.538 | |
| 能源消耗總量 | | | 0.694 | |
| 單位能耗 | | | 0.673 | |
| 萬元產值綜合能耗 | | | | 0.643 |
| 「三廢」循環利用 | | | | 0.652 |
| 年度環保投資額 | | | 0.924 | |
| 研發綠色環保產品支出 | | | 0.932 | |
| 綠色環保產品產值 | | | 0.714 | |
| 環保活動捐贈 | | | 0.909 | |

表6-16b　企業綜合報告指標信息使用者及發布者探索性因子分析

| 指標 | 社會關係信息 | | 人力資源信息 | | 公司治理信息 | |
|---|---|---|---|---|---|---|
| | 因子5 | 因子6 | 因子7 | 因子8 | 因子9 | 因子10 |
| 股東社會背景 | 0.625 | | | | | |
| 董事社會背景 | 0.567 | | | | | |
| 償債情況 | | 0.558 | | | | |
| 與銀行合作情況 | | 0.533 | | | | |

表6-16b(續)

| 指標 | 社會關係信息 因子5 | 社會關係信息 因子6 | 人力資源信息 因子7 | 人力資源信息 因子8 | 公司治理信息 因子9 | 公司治理信息 因子10 |
|---|---|---|---|---|---|---|
| 與政府合作情況 | | 0.525 | | | | |
| 與行業協會的關係 | 0.557 | | | | | |
| 供應商關係及管理 | | 0.720 | | | | |
| 產品及服務質量 | | 0.833 | | | | |
| 市場佔有率 | | 0.673 | | | | |
| 慈善捐贈 | | 0.722 | | | | |
| 對政府履行的納稅責任 | | 0.542 | | | | |
| 員工薪酬 | | | 0.733 | | | |
| 員工合法權益 | | | 0.773 | | | |
| 勞保支出 | | | | 0.567 | | |
| 帶薪培訓 | | | 0.569 | | | |
| 學歷程度 | | | | 0.538 | | |
| 員工流失率 | | | 0.603 | | | |
| 員工工齡 | | | 0.647 | | | |
| 員工薪酬增長率 | | | 0.545 | | | |
| 員工升職率 | | | 0.541 | | | |
| 股權集中度 | | | | | | 0.834 |
| 股權制衡 | | | | | | 0.615 |
| 控股股東擔保金額 | | | | 0.592 | | |
| 控股股東占用資金 | | | | 0.575 | | |
| 獨立董事比例 | | | | | 0.637 | |
| 專業委員會個數 | | | | 0.934 | | |
| 獨立監事比例 | | | | | 0.705 | |
| 監事會召開次數 | | | | | 0.932 | |
| 兩職合一 | | | | | 0.738 | |
| 高管人員的薪酬 | | | 0.917 | | | |

### 6.2.4 企業綜合報告指標信息使用者及發布者調查問卷結果分析

如前文反覆強調的，本書的研究目的在於尋找一個較為完善的指標體系應用於企業綜合報告，從而對企業可持續發展相關信息有一個綜合性的呈現。因而我們需要保證相關指標至少單獨而言，均具有一定程度的重要性，就需要篩選出決策價值高的企業綜合信息指標。此部分，我們將根據調查問卷中，對五維度52個變量重要性的評價結果進行統計分析，按照前文所述企業綜合信息報告指標體系框架，本節分別從「財務信息」「環境信息」「社會關係信息」「人力資源信息」「公司治理信息」五個大類對相關指標進行篩選。考慮到本部分調查問卷所採用的六值打分法調查體系，按照相關研究中慣用的篩選標準，當變量均值為4及以上時，顯示被調查者認為該指標在企業綜合報告指標體系中具有一定的重要性，否則該項指標在這個指標體系中並不具有重要性，我們則相應地在最終指標體系中刪減此項指標。下面我們將分五個部分對相關指標進行優選。

(1) 優選財務信息指標

表6-17是12項企業財務信息相關指標調研結果的描述性統計，按均值降序排列的結果。從表6-17中我們可以看出12項指標的均值均在4.0以上，其中淨利潤、總資產、主營業務收入、總負債、所有者權益、每股收益6項指標均值在5.0以上，能發布率都達100%，說明在被調查者看來，這些指標在企業綜合報告指標體系中具有較為重要的作用，且能很好地發布，應保留在最終的指標體系中。此外，經營活動產生的現金流量淨額、淨資產收益率、投資活動產生的現金流量淨額、籌資活動產生的現金流量淨額、現金及現金等價物淨增加額及每股自由現金流量6項指標的均值均在4.0以上，說明上述指標同樣滿足評估均值在4.0以上的要求，應在最終綜合報告指標體系中予以保留。指標選擇有兩個標準：一是重要性，二是可行性。對企業發布者增加的能與不能發布選項結果顯示：現金及現金等價物淨增加額指標的能發布率只有50.9%，每股自由現金流量指標的能發布率只有43.8%，也就是說有一半及以上企業認為發布難度有點大。為此我們對這兩項指標做了刪除處理，最後保留10項企業財務信息相關指標。

表6-17 財務信息指標描述統計

| 指標 | 個案數 | 最小值 | 最大值 | 均值 | 標準差 | 能發布率/% |
|---|---|---|---|---|---|---|
| 淨利潤 | 500 | 3 | 6 | 5.63 | 0.738 | 100.0 |

表6-17(續)

| 指標 | 個案數 | 最小值 | 最大值 | 均值 | 標準差 | 能發布率/% |
|---|---|---|---|---|---|---|
| 總資產 | 500 | 3 | 6 | 5.52 | 0.761 | 100.0 |
| 主營業務收入 | 500 | 3 | 6 | 5.33 | 0.837 | 100.0 |
| 總負債 | 500 | 4 | 6 | 5.20 | 0.749 | 100.0 |
| 所有者權益 | 500 | 2 | 6 | 5.12 | 0.886 | 100.0 |
| 每股收益 | 500 | 2 | 6 | 5.09 | 0.928 | 100.0 |
| 經營活動產生的現金流量淨額 | 500 | 2 | 6 | 4.88 | 0.988 | 100.0 |
| 淨資產收益率 | 500 | 1 | 6 | 4.72 | 1.156 | 100.0 |
| 投資活動產生的現金流量淨額 | 500 | 1 | 6 | 4.56 | 1.078 | 79.3 |
| 籌資活動產生的現金流量淨額 | 500 | 1 | 6 | 4.50 | 1.108 | 93.2 |
| 現金及現金等價物淨增加額 | 500 | 1 | 6 | 4.10 | 1.089 | 50.9 |
| 每股自由現金流量 | 500 | 1 | 5 | 4.07 | 0.993 | 43.8 |

(2) 優選環境信息指標

表6-18是10項企業環境信息相關指標調研結果的描述性統計，按均值降序排列的結果。從表6-18中我們可以看出「三廢」排放均值最高，為5.22，能發布率達70.9%。二氧化碳減排量、萬元產值綜合能耗、「三廢」循環利用、年度環保投資額、研發綠色環保產品支出、能源消耗總量6項指標的均值在4.0以上，說明調查對象認為這些項指標在綜合報告指標體系中比較重要，但從能發布率來看，二氧化碳減排量只有26.6%，年度環保投資額只有36.7%，企業發布有難度，應做刪除處理。綠色環保產品產值、環保活動捐贈、單位能耗3項指標的均值在4.0以下，能發布率高低不一，綜合考慮後做刪除處理。最後此部分的指標篩選中，我們保留了10項相關指標中的5項。

表6-18 環境信息指標描述統計

| 指標 | 個案數 | 最小值 | 最大值 | 均值 | 標準差 | 能發布率/% |
|---|---|---|---|---|---|---|
| 「三廢」排放 | 500 | 1 | 6 | 5.22 | 1.126,2 | 70.9 |
| 二氧化碳減排量 | 500 | 1 | 6 | 4.38 | 0.861,1 | 26.6 |

表6-18(續)

| 指標 | 個案數 | 最小值 | 最大值 | 均值 | 標準差 | 能發布率/% |
|---|---|---|---|---|---|---|
| 萬元產值綜合能耗 | 500 | 1 | 6 | 4.37 | 1.125,4 | 68.8 |
| 「三廢」循環利用 | 500 | 1 | 6 | 4.32 | 1.171,8 | 64.6 |
| 年度環保投資額 | 500 | 1 | 6 | 4.28 | 1.194,4 | 36.7 |
| 研發綠色環保產品支出 | 500 | 1 | 6 | 4.14 | 1.166,4 | 64.6 |
| 能源消耗總量 | 500 | 1 | 6 | 4.02 | 1.166,4 | 59.9 |
| 綠色環保產品產值 | 500 | 1 | 6 | 3.89 | 1.264,1 | 48.1 |
| 環保活動捐贈 | 500 | 1 | 6 | 3.78 | 1.216,0 | 28.7 |
| 單位能耗 | 500 | 1 | 5 | 3.65 | 1.079,2 | 68.8 |

(3) 優選社會關係信息指標

表6-19是11項企業社會關係信息相關指標調研結果的描述性統計，按均值降序排列的結果。從表6-19中我們可以看出，產品及服務質量、償債情況、與銀行合作情況3項指標的評估均值在5.0以上，能發布率都在60%以上，說明被調查者公認這三個指標在企業綜合報告指標體系中應具有較為重要的作用，應保留在指標體系中；此外，股東社會背景、對政府履行的納稅責任、董事社會背景指標評估均值在4.0以上，能發布率都在60%以上，說明上述指標同樣滿足評估均值在4.0以上的要求，應在最終綜合報告指標體系中予以保留。市場佔有率評估均值達到4.81，但能發布率只有36.7%，企業發布難度大，故不能保留在體系中，做剔除處理；調查情況還表明供應商關係及管理、與行業協會的關係、與政府合作情況、慈善捐贈等4項指標的評估均值在4.0以下，說明調查對象認為這4項指標在綜合報告指標體系中並不重要。因此，在這部分的指標篩選中，我們將保留前文提出的11項社會關係信息相關指標中的6項。

表6-19 社會關係信息指標描述統計

| 指標 | 個案數 | 最小值 | 最大值 | 均值 | 標準差 | 能發布率/% |
|---|---|---|---|---|---|---|
| 產品及服務質量 | 500 | 2 | 6 | 5.43 | 1.033,3 | 65.7 |
| 償債情況 | 500 | 2 | 6 | 5.18 | 0.979,8 | 67.8 |
| 與銀行合作情況 | 500 | 1 | 6 | 5.07 | 1.021,6 | 65.4 |

表6-19(續)

| 指標 | 個案數 | 最小值 | 最大值 | 均值 | 標準差 | 能發布率/% |
|---|---|---|---|---|---|---|
| 市場佔有率 | 500 | 1 | 6 | 4.81 | 1.226,1 | 36.7 |
| 股東社會背景 | 500 | 1 | 6 | 4.72 | 1.044,0 | 61.5 |
| 對政府履行的納稅責任 | 500 | 1 | 6 | 4.60 | 1.268,1 | 69.2 |
| 董事社會背景 | 500 | 1 | 6 | 4.55 | 1.112,8 | 62.6 |
| 供應商關係及管理 | 500 | 1 | 5 | 3.81 | 1.118,4 | 77.6 |
| 與行業協會的關係 | 500 | 1 | 6 | 3.76 | 1.252,4 | 39.7 |
| 與政府合作情況 | 500 | 1 | 6 | 3.71 | 1.191,9 | 47.3 |
| 慈善捐贈 | 500 | 1 | 5 | 3.31 | 1.181,8 | 48.5 |

(4) 優選人力資源信息指標

表6-20是9項企業人力資源信息相關指標調研結果的描述性統計，按均值降序排列的結果。從表6-20中我們可以看出員工薪酬、員工合法權益、帶薪培訓、勞保支出、員工升職率、員工流失率6項指標的均值均在4.0以上，說明在被調查者看來，這些指標在企業綜合報告指標體系中應具有較為重要的作用，應保留在指標體系中。學歷程度、員工工齡、員工薪酬增長率評估均值在4.0以下，說明被調研對象認為這些指標在綜合報告指標體系中並不重要。但從被調查企業的能發布率的結果看，員工升職率、員工流失率兩項指標發布可能只有56.1%及51.5%，說明企業發布難度大，但它反應了職工的發展及穩定情況且評估均值在4.0以上，應留下；而學歷程度、員工工齡、員工薪酬增長率3項指標企業能發布率比較高，但它反應的是員工培訓、穩定性及待遇情況，與其他相關指標在質上有雷同，本研究選擇剔除。最終留下員工薪酬、員工合法權益、帶薪培訓、勞保支出、員工升職率、員工流失率6項指標。

表6-20 人力資源信息描述統計

| 指標 | 個案數 | 最小值 | 最大值 | 均值 | 標準差 | 能發布率/% |
|---|---|---|---|---|---|---|
| 員工薪酬 | 500 | 1 | 6 | 4.72 | 1.146,5 | 94.1 |
| 員工合法權益 | 500 | 1 | 6 | 4.67 | 1.129,7 | 84.8 |
| 帶薪培訓 | 500 | 1 | 6 | 4.35 | 1.132,0 | 60.8 |

表6-20(續)

| 指標 | 個案數 | 最小值 | 最大值 | 均值 | 標準差 | 能發布率/% |
|---|---|---|---|---|---|---|
| 勞保支出 | 500 | 1 | 6 | 4.31 | 1.155,4 | 73.4 |
| 員工升職率 | 500 | 2 | 6 | 4.28 | 1.151,1 | 51.5 |
| 員工流失率 | 500 | 1 | 6 | 4.06 | 1.274,4 | 56.1 |
| 學歷程度 | 500 | 1 | 6 | 3.95 | 0.869,0 | 69.6 |
| 員工工齡 | 500 | 1 | 6 | 3.64 | 0.996,2 | 70.5 |
| 員工薪酬增長率 | 500 | 1 | 5 | 3.57 | 1.042,4 | 81.9 |

(5) 優選公司治理信息指標

表6-21是10項公司治理信息相關指標調研結果的描述性統計，按均值降序排列的結果。從表6-21中我們可以看出股權集中度均值最高，為5.43，能發布率達86.9%；控股股東擔保金額、控股股東占用資金、專業委員會個數、股權制衡、監事會召開次數、兩職合一、高管人員薪酬7項指標的均值在4.0以上，說明被調查者認為這些指標在綜合報告指標體系中比較重要。獨立董事比例、獨立監事比例2項指標的均值在4.0以下，綜合考慮後做刪除處理。最後這部分的指標篩選中，我們保留了10項相關指標中的8項。

表6-21 公司治理信息描述統計

| 指標 | 個案數 | 最小值 | 最大值 | 均值 | 標準差 | 能發布率/% |
|---|---|---|---|---|---|---|
| 股權集中度 | 500 | 2 | 6 | 5.43 | 1.035,0 | 86.9 |
| 控股股東擔保金額 | 500 | 1 | 6 | 4.36 | 1.124,9 | 73.4 |
| 控股股東占用資金 | 500 | 1 | 6 | 4.32 | 1.169,4 | 73.0 |
| 專業委員會個數 | 500 | 1 | 6 | 4.29 | 1.201,3 | 56.1 |
| 股權制衡 | 500 | 1 | 6 | 4.19 | 0.756,7 | 53.2 |
| 監事會召開次數 | 500 | 1 | 6 | 4.14 | 1.168,1 | 68.4 |
| 兩職合一 | 500 | 1 | 6 | 4.09 | 1.240,0 | 51.9 |
| 高管人員的薪酬 | 500 | 1 | 6 | 4.03 | 1.182,3 | 60.3 |
| 獨立董事比例 | 500 | 1 | 6 | 3.87 | 1.235,6 | 63.7 |
| 獨立監事比例 | 500 | 1 | 5 | 3.80 | 1.046,6 | 63.7 |

根據第二輪企業綜合報告指標信息使用者及發布者調查結果，本書將五維度 52 個指標按重要程度及能否發布優選出五維度 35 個指標，如表 6-22 所示。

表 6-22　企業綜合報告指標第二輪優化體系

| 維度 | 指標個數 | 指標構成 |
| --- | --- | --- |
| 財務信息 | 10 | 淨利潤、總資產、所有者權益、籌資活動產生的現金流量淨額、主營業務收入、投資活動產生的現金流量淨額、總負債、每股收益、經營活動產生的現金流量淨額、淨資產收益率 |
| 環境信息 | 5 | 「三廢」循環利用、研發綠色環保產品支出、「三廢」排放、萬元產值綜合能耗、能源消耗總量 |
| 社會關係信息 | 6 | 產品及服務質量、償債情況、股東社會背景、董事社會背景、與銀行合作情況、對政府履行的納稅責任 |
| 人力資源信息 | 6 | 員工薪酬、勞保支出、員工流失率、帶薪培訓、員工合法權益、員工升職率 |
| 公司治理信息 | 8 | 股權集中度、控股股東擔保金額、專業委員會個數、控股股東占用資金、股權制衡、高管人員的薪酬、兩職合一、監事會召開次數 |

## 6.3　綜合報告指標體系權重測算和權重分配

### 6.3.1　維度指標相關性權重測算

本書中的綜合報告指標體系，經過兩次調查篩選，最終選定了 5 個維度一級指標，35 個二級指標。綜合指標體系的建立，除維度及指標的個數是重要組成外，維度及指標的相關性也是重要組成部分。相關性程度的大小涉及多個指標，屬多單元、多指標比較。為此，需要一種科學的多單元、多指標綜合方法。多單元、多指標綜合方法較多，本書採用 AHP 層次分析法、專家法等確定它們的相對重要性，同時對 35 個二級指標賦權。採用 AHP 層次分析法確定相關性需要分步實施。

（1）層次分析結構模型構建。運用 AHP 做決策，第一要考慮綜合報告指標框架促使企業實現創造價值最大化的整體目標，第二是根據目標與指標信息特徵之間的內在邏輯聯繫，以及專家意見，選取整合性、相關性、可比性、可靠性及系統性這五個原則作為實現整體目標的決策標準。這些原則互存互動，形成一個

綜合反應企業價值鏈的系統，對企業價值提升影響重大。另外，信息披露需要通過綜合報告指標財務信息、環境信息、社會關係信息、人力資源信息和公司治理信息的五個維度來體現，如果呈現不清，表述不明，將影響對投資者信息決策的有用性。綜合報告指標體系框架中的層次結構關係如圖6-1所示。

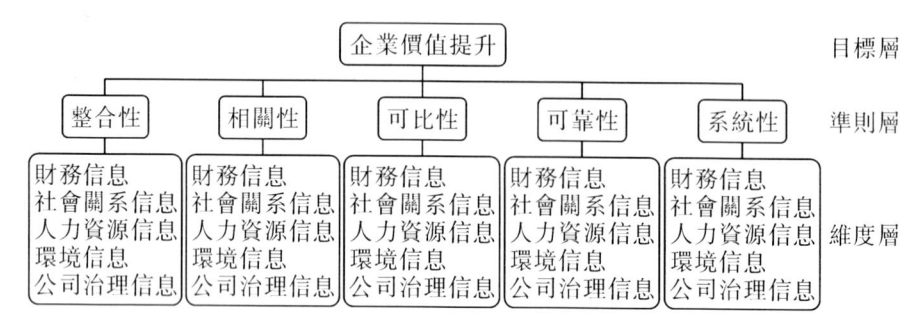

圖6-1 綜合報告指標體系框架中的層次結構關係

（2）標準比較判斷矩陣構造。下面根據專家調查的評分對系統決策中的五個原則的相對重要性做出比較，比較的對象包括五個原則之間的兩兩逐一對比。為了構造標準比較判斷矩陣，我們按常規用9級標度法給判斷矩陣的元素賦值，1為「同樣重要」，2~3為「較重要」，4~5為「很重要」，6~7為「非常重要」，8~9為「極為重要」，設計了「企業價值影響因素調查問卷」（見附錄3）對30位大學及經濟界專家，進行了問卷調查，取得了建立綜合報告維度的建模原始資料。通過整理調查資料，層次分析模型中各原則性的重要程度依次為：整合性原則、相關性原則、可比性原則、可靠性原則及系統性原則。其比較結果打分矩陣如表6-23所示。

表6-23 各原則權重的成對比較矩陣

|  | 整合性原則 | 相關性原則 | 可比性原則 | 可靠性原則 | 系統性原則 |
|---|---|---|---|---|---|
| 整合性原則 | 1 | 2 | 3 | 4 | 5 |
| 相關性原則 | 1/2 | 1 | 2 | 3 | 4 |
| 可比性原則 | 1/3 | 1/2 | 1 | 2 | 3 |
| 可靠性原則 | 1/4 | 1/3 | 1/2 | 1 | 2 |
| 系統性原則 | 1/5 | 1/4 | 1/3 | 1/2 | 1 |

（3）綜合處理。根據表6-23的比較矩陣，按照各個原則對於實現「企業價值提升」目標的重要性，計算每個原則的優先級。整個運算過程如下：計算成對比較矩陣中每一列的值，將成對矩陣中每一項都除以它所在列的總和；

得出的矩陣為標準成對矩陣，再計算標準成對矩陣中的每一行的算術平均值，即這些標準的優先級。按照該步驟，最後得出各原則權重的成對優先級矩陣，結果如表 6-24 所示。

表 6-24　各原則權重的成對優先級矩陣

|  | 整合性原則 | 相關性原則 | 可比性原則 | 可靠性原則 | 系統性原則 | 優先級 |
| --- | --- | --- | --- | --- | --- | --- |
| 整合性原則 | 0.438 | 0.490 | 0.439 | 0.381 | 0.333 | 0.416 |
| 相關性原則 | 0.219 | 0.245 | 0.293 | 0.286 | 0.267 | 0.262 |
| 可比性原則 | 0.146 | 0.122 | 0.146 | 0.190 | 0.200 | 0.161 |
| 可靠性原則 | 0.109 | 0.082 | 0.073 | 0.095 | 0.133 | 0.099 |
| 系統性原則 | 0.088 | 0.061 | 0.049 | 0.048 | 0.067 | 0.062 |

按照每個原則對總目標的重要性分別確定它們的優先級，通過 AHP 層次分析法得出整合性原則以 0.416 的優先級成為企業價值提升目標決策標準層中最重要的原則，其次是相關性原則、可比性原則和可靠性原則，而最低為系統性原則。

（4）一致性檢驗。因為成對進行比較的數量比較多，所以較難做到完全一致。計算成對比較一致性的方法就是計算一致性指標 CI。如果 CI 小於或者等於 0.10，一致性是可以接受的，也就說明成對兩兩比較的一致性程度達到了要求。根據計算，判斷矩陣對應的最大特徵根：$\lambda max = 5.090,5$。在一致性檢驗中，CI 為（最大特徵值-n）/n-1 的商，本書中求得 CI =（5.090,5-5）/（5-1）= 0.020,2。查表，當 n = 5 時，RI = 1.12，CR = CI/RI = 0.020,2 < 0.1，矩陣的一致性符合要求。

（5）層次綜合排序。在以上單標準排序的基礎上，可以計算每一層次各個原則相對於總體目標的綜合權重，並進行綜合判斷一致性檢驗。需要確定不同信息披露原則的優先級。優先級的確定一次只能用一個標準，對準則層進行成對比較。比如整合性原則標準，可以得到以下成對比較：財務信息維度與環境信息維度、財務信息維度與社會關係信息維度、財務信息維度與人力資源信息維度、財務信息維度與公司治理信息維度、環境信息維度與社會關係信息維度、環境信息維度與人力資源信息維度、環境信息維度與公司治理信息維度。同樣，利用專家評分標準，用 9 級標度法給判斷矩陣的元素賦值。

通過表 6-25 至表 6-29 矩陣的優先級計算得出優先級排名表（見表 6-30），在考慮整合性原則的因素下財務維度最佳選擇是（0.402）；在只考慮相關性原則的因素下財務維度最佳選擇是（0.297）；在只考慮可比性原則的因

素下財務維度最佳選擇是（0.267），在只考慮可靠性原則的因素下財務維度最佳選擇是（0.379），在只考慮系統性原則的因素下財務維度最佳選擇是（0.248）。但在考慮系統性原則時，公司治理維度是最佳選擇（0.404）。在考慮每一原則對每一維度的最佳選擇結果時方法一樣。

表 6-25　整合性原則標準下的成對比較矩陣

| 整合性原則 | 財務信息 | 環境信息 | 社會關係信息 | 人力資源信息 | 公司治理信息 |
|---|---|---|---|---|---|
| 財務信息 | 1 | 4 | 3 | 2 | 3 |
| 環境信息 | 1/4 | 1 | 1/2 | 1/3 | 1/2 |
| 社會關係信息 | 1/3 | 2 | 1 | 1/2 | 1 |
| 人力資源信息 | 1/2 | 3 | 2 | 1 | 2 |
| 公司治理信息 | 1/3 | 2 | 1 | 1/2 | 1 |

表 6-26　相關性原則標準下的成對比較矩陣

| 相關性原則 | 財務信息 | 環境信息 | 社會關係信息 | 人力資源信息 | 公司治理信息 |
|---|---|---|---|---|---|
| 財務信息 | 1 | 3 | 2 | 1 | 2 |
| 環境信息 | 1/3 | 1 | 1/2 | 1/3 | 1/2 |
| 社會關係信息 | 1/2 | 2 | 1 | 1/2 | 1 |
| 人力資源信息 | 1 | 3 | 2 | 1 | 1/2 |
| 公司治理信息 | 1/2 | 2 | 1 | 2 | 1 |

表 6-27　可比性原則標準下的成對比較矩陣

| 可比性原則 | 財務信息 | 環境信息 | 社會關係信息 | 人力資源信息 | 公司治理信息 |
|---|---|---|---|---|---|
| 財務信息 | 1 | 4 | 2 | 1 | 1 |
| 環境信息 | 1/4 | 1 | 1/2 | 1/4 | 1/4 |
| 社會關係信息 | 1/2 | 2 | 1 | 1/2 | 1/2 |
| 人力資源信息 | 1 | 4 | 2 | 1 | 1 |
| 公司治理信息 | 1 | 4 | 2 | 1 | 1 |

表 6-28　可靠性原則標準下的成對比較矩陣

| 可靠性原則 | 財務信息 | 環境信息 | 社會關係信息 | 人力資源信息 | 公司治理信息 |
|---|---|---|---|---|---|
| 財務信息 | 1 | 3 | 2 | 2 | 3 |

表6-28(續)

| 可靠性原則 | 財務信息 | 環境信息 | 社會關係信息 | 人力資源信息 | 公司治理信息 |
|---|---|---|---|---|---|
| 環境信息 | 1/3 | 1/2 | 1 | 1/2 | 1 |
| 社會關係信息 | 1/3 | 1 | 1 | 1 | 2 |
| 人力資源信息 | 1/2 | 2 | 1 | 1 | 2 |
| 公司治理信息 | 1/3 | 1 | 1/2 | 1/2 | 1 |

表6-29  系統性原則標準下的成對比較矩陣

| 系統性原則 | 財務信息 | 環境信息 | 社會關係信息 | 人力資源信息 | 公司治理信息 |
|---|---|---|---|---|---|
| 財務信息 | 1 | 3 | 2 | 2 | 1/2 |
| 環境信息 | 1/3 | 1 | 2 | 1/2 | 1/4 |
| 社會關係信息 | 1/2 | 1/2 | 2 | 1 | 1/3 |
| 人力資源信息 | 1/2 | 1/2 | 1 | 1 | 1/3 |
| 公司治理信息 | 2 | 4 | 3 | 3 | 1 |

表6-30  以原則性為標準對每個維度方案做出的優先級排名

|  | 整合性原則 | 相關性原則 | 可比性原則 | 可靠性原則 | 系統性原則 |
|---|---|---|---|---|---|
| 財務信息 | 0.402 | 0.297 | 0.267 | 0.379 | 0.248 |
| 環境信息 | 0.079 | 0.087 | 0.067 | 0.119 | 0.112 |
| 社會關係信息 | 0.137 | 0.158 | 0.133 | 0.174 | 0.128 |
| 人力資源信息 | 0.244 | 0.237 | 0.267 | 0.214 | 0.108 |
| 公司治理信息 | 0.137 | 0.220 | 0.267 | 0.114 | 0.404 |

根據表6-24和表6-30的數據計算得到各維度的綜合優先級係數，見表6-31。

表6-31  綜合報告指標體系各信息維度的綜合優先級計算

| 財務信息 | 0.402 * 0.416+0.297 * 0.262+0.267 * 0.161+0.379 * 0.099+0.248 * 0.062＝0.341 |
|---|---|
| 環境信息 | 0.079 * 0.416+0.087 * 0.262+0.067 * 0.161+0.119 * 0.099+0.112 * 0.062＝0.085 |
| 社會關係信息 | 0.137 * 0.416+0.158 * 0.262+0.133 * 0.161+0.174 * 0.099+0.128 * 0.062＝0.145 |

6 中國企業綜合報告指標體系框架的優化設計

表6-31(續)

| 人力資源信息 | 0.244*0.416+0.158*0.237+0.133*0.267+0.214*0.099+0.108*0.062=0.235 |
| --- | --- |
| 公司治理信息 | 0.137*0.416+0.220*0.262+0.267*0.161+0.114*0.099+0.404*0.062=0.194 |

通過AHP層次分析法的權重計算，得出五個維度信息指標的權重，分別為財務信息34.1%、人力資源信息23.5%、公司治理信息19.4%、社會關係信息14.5%、環境信息8.5%。

### 6.3.2 指標權重分配

（1）綜合報告一級指標權重分配

上節AHP層次分析法計算得到的維度權重即一級指標的最終賦權，見表6-32。

表6-32 綜合報告指標體系一級指標權重分配

| 一級指標類別 | 財務信息 | 環境信息 | 社會關係信息 | 人力資源信息 | 治理信息 |
| --- | --- | --- | --- | --- | --- |
| 權重/% | 34.1 | 8.5 | 14.5 | 23.5 | 19.4 |

（2）綜合報告指標體系二級指標權重分配

通過兩次調查，篩選出來最具重要性的35個指標作為二級指標，本節進一步對這35個指標分別賦權。本書第一步根據維度分類，採用重要性結構相對數計算方法，分別計算出各類中各項指標的結構比例，每一項重要性數據來源於問卷調查結果；第二步把每一維度的權重$w_i(i=1,2,3,4,5)$與各項指標的結構比例分配做歸一化處理，進而實現二級指標賦權的過程。

設$y_j$為第$i$個維度的第$j$個指標的權重；

設$x_j$為某$i$維度的第$j$個指標的重要性得分；

則以上兩個步驟的計算公式為：

$$y_j = \frac{x_{ji}}{\sum_j x_{ji}} w_i$$

在優化後的指標體系中，財務信息有10個指標，環境信息有5個指標、社會關係信息有6個指標，人力資源信息有6個指標，公司治理信息有8個指標，都需要計算相應的權重。

①財務類指標權重

通過計算可以看出，在10個財務信息相關指標中，權重最大的是淨利潤，

最小的是籌資活動產生的現金流量淨額（詳見表6-33）。

表6-33 財務類指標權重

| 一級指標 | 權重/% | 二級指標 | 重要程度 $X_{ji}$ | 重要程度比重 $\dfrac{x_{ji}}{\sum_j x_{ji}}$ | 最終權重 $y_{ji}/\%$ |
|---|---|---|---|---|---|
| 財務信息 | 34.1 | 淨利潤 | 5.63 | 0.111 | 3.80 |
| | | 總資產 | 5.52 | 0.109 | 3.73 |
| | | 主營業務收入 | 5.33 | 0.105 | 3.59 |
| | | 總負債 | 5.20 | 0.103 | 3.52 |
| | | 所有者權益 | 5.12 | 0.101 | 3.44 |
| | | 每股收益 | 5.09 | 0.101 | 3.44 |
| | | 經營活動產生的現金流量淨額 | 4.88 | 0.097 | 3.31 |
| | | 淨資產收益率 | 4.72 | 0.093 | 3.17 |
| | | 投資活動產生的現金流量淨額 | 4.56 | 0.090 | 3.07 |
| | | 籌資活動產生的現金流量淨額 | 4.50 | 0.089 | 3.03 |

②環境類指標權重

通過計算可以看出，在5個環境信息相關指標中，權重最大的是「三廢」排放，最小的是能源消耗總量（詳見表6-34）。

表6-34 環境類指標權重

| 一級指標 | 權重/% | 二級指標 | 重要程度 $X_{ji}$ | 重要程度比重 $\dfrac{x_{ji}}{\sum_j x_{ji}}$ | 最終權重 $y_{ji}/\%$ |
|---|---|---|---|---|---|
| 環境信息 | 8.5 | 「三廢」排放 | 5.22 | 0.237 | 2.01 |
| | | 萬元產值綜合能耗 | 4.37 | 0.198 | 1.68 |
| | | 「三廢」循環利用 | 4.32 | 0.196 | 1.67 |
| | | 研發綠色環保產品支出 | 4.14 | 0.188 | 1.60 |
| | | 能源消耗總量 | 4.02 | 0.181 | 1.54 |

③社會關係類指標權重

通過計算可以看出,在6個社會關係信息相關指標中,權重最大的是產品及服務質量,最小的是董事社會背景(詳見表6-35)。

表6-35　社會關係類指標權重

| 一級指標 | 權重/% | 二級指標 | 重要程度 $X_{ji}$ | 重要程度比重 $\dfrac{x_{ji}}{\sum_j x_{ji}}$ | 最終權重 $y_{ji}/\%$ |
| --- | --- | --- | --- | --- | --- |
| 社會關係信息 | 14.5 | 產品及服務質量 | 5.43 | 0.183 | 2.66 |
| | | 償債情況 | 5.18 | 0.175 | 2.54 |
| | | 與銀行合作情況 | 5.07 | 0.172 | 2.49 |
| | | 股東社會背景 | 4.72 | 0.160 | 2.32 |
| | | 對政府履行的納稅責任 | 4.60 | 0.156 | 2.26 |
| | | 董事社會背景 | 4.55 | 0.154 | 2.23 |

④人力資源類指標權重

通過計算可以看出,在6個人力資源信息相關指標中,權重最大的是員工薪酬,最小的是員工流失率(詳見表6-36)。

表6-36　人力資源類指標權重

| 一級指標 | 權重/% | 二級指標 | 重要程度 $X_{ji}$ | 重要程度比重 $\dfrac{x_{ji}}{\sum_j x_{ji}}$ | 最終權重 $y_{ji}/\%$ |
| --- | --- | --- | --- | --- | --- |
| 人力資源信息 | 23.5 | 員工薪酬 | 4.72 | 0.179 | 4.20 |
| | | 員工合法權益 | 4.67 | 0.177 | 4.16 |
| | | 帶薪培訓 | 4.35 | 0.165 | 3.88 |
| | | 勞保支出 | 4.31 | 0.163 | 3.83 |
| | | 員工升職率 | 4.28 | 0.162 | 3.81 |
| | | 員工流失率 | 4.06 | 0.154 | 3.62 |

⑤公司治理類指標權重

通過計算可以看出,在8個治理信息相關指標中,權重最大的是股權集中

度，最小的是高管人員的薪酬（詳見表6-37）。

表6-37 治理類指標權重

| 一級指標 | 權重/% | 二級指標 | 重要程度 $X_{ji}$ | 重要程度比重 $\dfrac{x_{ji}}{\sum_j x_{ji}}$ | 最終權重 $y_{ji}$/% |
|---|---|---|---|---|---|
| 治理信息 | 19.4 | 股權集中度 | 5.43 | 0.156 | 3.03 |
| | | 控股股東擔保金額 | 4.36 | 0.125 | 2.42 |
| | | 控股股東占用資金 | 4.32 | 0.124 | 2.40 |
| | | 專業委員會個數 | 4.29 | 0.123 | 2.39 |
| | | 股權制衡 | 4.19 | 0.120 | 2.33 |
| | | 監事會召開次數 | 4.14 | 0.119 | 2.31 |
| | | 兩職合一 | 4.09 | 0.117 | 2.27 |
| | | 高管人員的薪酬 | 4.03 | 0.116 | 2.25 |

經過賦權，指標體系整體權重如表6-38所示。

表6-38 權數分配一覽表

| 一級指標（權重/%） | 序號 | 二級指標 | 指標權重/% |
|---|---|---|---|
| 財務信息（34.1） | 1 | 淨利潤 | 3.59 |
| | 2 | 總資產 | 3.52 |
| | 3 | 主營業務收入 | 3.40 |
| | 4 | 總負債 | 3.31 |
| | 5 | 所有者權益 | 3.26 |
| | 6 | 每股收益 | 3.24 |
| | 7 | 經營活動產生的現金流量淨額 | 3.11 |
| | 8 | 淨資產收益率 | 3.01 |
| | 9 | 投資活動產生的現金流量淨額 | 2.90 |
| | 10 | 籌資活動產生的現金流量淨額 | 2.87 |

表6-38(續)

| 一級指標<br>(權重/%) | 序號 | 二級指標 | 指標權重/% |
|---|---|---|---|
| 環境信息<br>(8.5) | 11 | 「三廢」排放 | 1.51 |
| | 12 | 萬元產值綜合能耗 | 1.26 |
| | 13 | 「三廢」循環利用 | 1.25 |
| | 14 | 研發綠色環保產品支出 | 1.20 |
| | 15 | 能源消耗總量 | 1.16 |
| 社會關係信息<br>(14.5) | 16 | 產品及服務質量 | 2.67 |
| | 17 | 償債情況 | 2.54 |
| | 18 | 與銀行合作情況 | 2.49 |
| | 19 | 股東社會背景 | 2.32 |
| | 20 | 對政府履行的納稅責任 | 2.26 |
| | 21 | 董事社會背景 | 2.23 |
| 人力資源信息<br>(23.5) | 22 | 員工薪酬 | 3.15 |
| | 23 | 員工合法權益 | 3.12 |
| | 24 | 帶薪培訓 | 2.90 |
| | 25 | 勞保支出 | 2.88 |
| | 26 | 員工升職率 | 2.86 |
| | 27 | 員工流失率 | 2.71 |
| 公司治理信息<br>(19.4) | 28 | 股權集中度 | 4.56 |
| | 29 | 控股股東擔保金額 | 3.66 |
| | 30 | 控股股東占用資金 | 3.63 |
| | 31 | 專業委員會個數 | 3.60 |
| | 32 | 股權制衡 | 3.52 |
| | 33 | 監事會召開次數 | 3.48 |
| | 34 | 兩職合一 | 3.44 |
| | 35 | 高管人員的薪酬 | 3.39 |

　　本書採用層次分析法及專家法，確定了企業綜合報告發布體系框架中，企業財務信息、人力資源信息、社會關係信息、公司治理信息、環境信息等維度

方案一級指標所占權重應分別為34.1%、23.5%、14.5%、19.4%及8.5%；採用歸一法對二級指標賦權，進而實現了企業綜合報告指標體系框架構建目標。

## 6.4 中國企業綜合報告指標體系優化框架

本章為全書核心章節，以前文理論分析部分所建立的企業綜合報告指標體系框架為基礎，通過對專家學者、報告信息使用者和信息發布者進行問卷調查，從指標重要性、指標可行性、綜合報告指標體系框架構建要實現的整體目標即企業價值提升性三個方面獲取調查信息，對指標進行了精簡完善：把設計的五維度60個指標，經過專家學者對指標重要性的第一輪篩選得到五維度52個指標；第二輪優選得到五維度35個指標，及具有各維度各指標相對重要性權重的綜合報告指標體系。從理論上來說，該體系應當可以綜合地反應企業財務、環境保護、社會關係、人力資源和公司治理五維度的信息，相比單一維度的信息披露具有更好的決策有效性。這一重要結論需要以企業營運情況得到的經驗數據為證據，利用經濟模型加以證明。

本章的研究成果為：建立了一套遵循國際綜合報告標準及財務會計概念框架（FASB），適合現階段中國發展需要的企業綜合報告指標體系框架。該體系由五維度35個優化指標及相對重要權重組成，優化後的指標體系詳見表6-39。

表6-39 中國綜合報告指標體系優化框架

| 序號 | 維度及指標名稱 | 指標定義、來源及計算方法 | 權重/% |
|---|---|---|---|
| 一 | 財務信息 |  | 32.21 |
| 1 | 淨利潤 | 報告期利潤表中的淨利潤項目 | 3.80 |
| 2 | 總資產 | 報告期資產負債表中的總資產項目 | 3.72 |
| 3 | 主營業務收入 | 報告期利潤表中的主營業務收入項目 | 3.6 |
| 4 | 總負債 | 報告期資產負債表中的總資產項目 | 3.51 |
| 5 | 所有者權益 | 報告期資產負債表中的所有者權益項目 | 3.45 |
| 6 | 每股收益 | 淨利潤/總股數 | 3.43 |
| 7 | 經營活動產生的現金流量淨額 | 對應現金流量表中的經營活動產生的現金流量淨額項目 | 3.29 |

表6-39(續)

| 序號 | 維度及指標名稱 | 指標定義、來源及計算方法 | 權重/% |
|---|---|---|---|
| 8 | 淨資產收益率 | 報告期末淨利潤/期末淨資產 | 3.18 |
| 9 | 投資活動產生的現金流量淨額 | 對應現金流量表中的投資活動產生的現金流量淨額項目 | 3.08 |
| 10 | 籌資活動產生的現金流量淨額 | 對應現金流量表中的籌資活動產生的現金流量淨額項目 | 3.04 |
| 二 | 公司治理信息 | | 29.28 |
| 11 | 股權集中度 | 第一大股東持股比例 | 3.02 |
| 12 | 控股股東擔保金額 | 公司為控股股東擔保金額 | 2.43 |
| 13 | 控股股東占用資金 | 控股股東占用公司的資金 | 2.40 |
| 14 | 專業委員會個數 | 各專業委員會設立情況，設立為1，否則為0 | 2.39 |
| 15 | 股權制衡 | 第二至第五大股東持股比例之和與第一大股東持股比例之比 | 2.33 |
| 16 | 監事會召開次數 | 年度監事會召開次數 | 2.30 |
| 17 | 兩職合一 | 董事長和總經理為同一人為0，否則為1 | 2.29 |
| 18 | 高管人員的薪酬 | 各高管人員的薪酬 | 2.24 |
| 三 | 人力資源信息 | | 17.62 |
| 19 | 員工薪酬 | 公司本年度員工薪酬的總額 | 4.20 |
| 20 | 員工合法權益 | 公司為員工所繳納法律規定個人支出 | 4.16 |
| 21 | 帶薪培訓 | 公司本年度組織員工培訓費用支出 | 3.87 |
| 22 | 勞保支出 | 公司本年度人均勞保費用支出 | 3.84 |
| 23 | 員工升職率 | 公司本年度員工職位晉升數/年平均人數 | 3.81 |
| 24 | 員工流失率 | 公司本年度員工離職數/年平均人數 | 3.62 |
| 四 | 社會關係信息 | | 14.51 |
| 25 | 產品及服務質量 | 公司本年度用於技術改造及提高產品質量的支出 | 2.66 |
| 26 | 償債情況 | 本年度共償還債務本息 | 2.45 |
| 27 | 與銀行合作情況 | 截至報告期末本公司擁有的固定合作銀行數量 | 2.49 |

表6-39(續)

| 序號 | 維度及指標名稱 | 指標定義、來源及計算方法 | 權重/% |
|---|---|---|---|
| 28 | 股東社會背景 | 股東在社會任職情況，有其他社會職務為1，否則為0 | 2.32 |
| 29 | 對政府履行的納稅責任 | 公司本年度各項稅費繳納 | 2.26 |
| 30 | 董事社會背景 | 董事在社會任職情況，有其他社會職務為1，否則為0 | 2.23 |
| 五 | 環境信息 | | 6.38 |
| 31 | 「三廢」排放 | 處理各種廢水、廢氣、廢物所支付的金額 | 2.01 |
| 32 | 萬元產值綜合能耗 | 統計期內消耗的企業能耗/總產值 | 1.68 |
| 33 | 「三廢」循環利用 | 各廢水、廢氣、廢物循環利用產生的收入金額 | 1.66 |
| 34 | 研發綠色環保產品支出 | 研發各綠色環保產品的支出 | 1.60 |
| 35 | 能源消耗總量 | 統計報告期內企業實際消費能源的能量總量 | 1.55 |

# 7 中國企業綜合報告指標體系框架的有效性檢驗

## 7.1 引言

前一章構建起了中國綜合報告指標體系框架，它能否符合中國企業的具體情況，能否在滿足綜合報告信息使用者需求的同時又可以結合綜合報告信息發布者對企業信息披露的綜合考量，這些問題都還需要實踐檢驗。到目前為止，大多數關於企業綜合報告的研究都停留在理論探討階段，幾乎沒有實證研究過企業綜合報告指標體系在企業中的實踐情況，也就是對綜合報告有效性進行驗證。本書在國內外眾多研究的基礎上進一步拓展，以滬深兩市 2013—2015 年 A 股上市的 527 家工業企業為樣本，實證檢驗了優化的五維度 35 個指標的綜合報告指標體系對於提升企業價值的有效性。

## 7.2 理論分析和研究假設

驗證企業綜合報告指標體系的有效性，主要還是驗證企業披露綜合信息指標與企業價值的相關性。企業價值是通過企業在市場中保持較強的競爭力，實現可持續發展來體現的。企業價值集中體現在企業未來的經濟收益能力上。而與傳統信息披露方式不同的是，企業綜合報告指標體系在進行有效性評估時，指標體系中的軟性指標，即非財務指標對其產生了很大的影響。利益相關者在做出相關的投資決策時對於這些非財務指標有很大的依賴性。這些軟性和硬性指標已被一些文章證明有價值相關性。汪耀祥（2012）從可持續發展理論出發，闡釋了綜合報告信息披露與企業價值創造和可持續發展之間的傳導關係。

Ioannou and Serafeim（2010）探究了關於綜合報告的學術研究成果在鼓勵企業採用可持續發展模式時所起的作用以及採用可持續發展模式後市場的反應。他們調查了企業實行可持續發展戰略對資本市場的影響及賣方分析師對其所創造的價值的接受度，觀察在不同的報告模式下，公司可持續戰略是否會影響賣方分析師對其價值創造的預期，其結論是把反應風險、戰略、治理以及企業經營模式的可持續因素與財務因素相互關聯起來，更全面、均衡地衡量企業的整體績效，有助於報告實體做出更有利於可持續發展的決策。Heaps（2012）則構建了融入ESG因素的投資模型，從投資者的角度闡釋了綜合信息指標的價值：資本市場的日益複雜性對投資者將ESG指標信息的分析融入財務分析中提出了更高的要求。而綜合信息披露體系，能夠展示企業現在的決定和行為在長期內能產生的結果，並將經濟與社會、環境價值聯繫起來闡述組織的決策、管理和運行模式的關係，同時分析在整條價值鏈中重要的財務與非財務機會、風險和表現之間的關係。

單純從激勵上來分析，綜合報告指標體系將企業環境、人力資源、公司治理和社會關係等非財務信息指標與歷史性原則下的財務指標加以有效整合，這些指標能更綜合地反應企業價值的全貌。然而，以上激勵分析或調查結論還需要實證數據的檢驗。因而在上文對企業綜合報告指標信息披露與企業價值作用機理進行理論分析的基礎上，本書認為披露綜合報告五個維度指標的行為可能會增強企業的核心競爭能力，給企業帶來更深更遠的經濟利益和非經濟利益，而非經濟利益最終也會轉化為經濟利益，進而成為企業價值增強的驅動力。由此，本章提出如下假設：

H7-1：企業綜合報告指標體系中五類指標綜合信息披露質量正向影響企業價值。

為了詳細考察每一維度指標披露質量對企業價值的影響，本書做出如下分假設：

H1a：指標體系中財務信息披露質量正向影響企業價值；
H1b：指標體系中環境信息披露質量正向影響企業價值；
H1c：指標體系中社會關係信息披露質量正向影響企業價值；
H1d：指標體系中公司治理信息披露質量正向影響企業價值；
H1e：指標體系中人力資源信息披露質量正向影響企業價值。

## 7.3 研究設計

### 7.3.1 樣本選擇和數據來源

本書選取中國滬深兩地 2013—2015 年採掘業、製造業和電力行業的 A 股上市公司作為研究對象，確定用於迴歸分析的公司為 527 家，樣本觀察值為 1,581個。由於本書構建的綜合報告指標體系中的大部分非財務指標目前只有工業企業[①]才會披露，其中採掘業和製造業為環境污染較為嚴重的行業，電力行業則為較早進行社會責任信息披露的行業，因而本書對工業三大行業進行樣本抽樣，樣本涵蓋了上一章參與 500 份企業綜合報告信息使用者和發布者問卷調查的部分企業。

對樣本的具體篩選過程如下：由於金融類上市公司資產負債和財務報表的編製與其他上市公司存在顯著差別，而本書只關注一般上市公司的財務和非財務信息披露問題，所以剔除了金融類上市公司以避免行業特殊性造成的數據偏誤；剔除了陷入財務困境或非正常經營的企業樣本，包括 ST 或 PT 公司、本期資產負債率大於 1 或小於 0 的公司、主營業務收入小於或等於 0 的公司、淨資產小於或等於 0 的公司。以上各類企業由於其行為規律不同於正常經營的企業，應從初選樣本中予以刪除；剔除數據缺失和異常的公司。人力資源、環境、社會關係和公司治理等分類指標的數據均由作者手工收集，數據主要來源於上市公司年度報告和社會責任報告、可持續發展報告、環境報告等非財務報告，而財務數據來自 CSMAR 數據庫，由 STATA 13.0 完成計算和分析等數據處理過程。

### 7.3.2 模型設計和變量選取

為驗證以上假設，結合夏立軍等（2005）研究公司價值的模型以及蔡海靜（2011）研究綜合報告四維信息披露對公司價值影響的模型，本章設置模型（7.1）考察綜合報告指標體系五個維度信息指標的披露質量對於企業價值的影響，進而證明本書設計的綜合報告指標體系的有效性。

$$TobinQ_{i,t} = \beta_0 + \beta_1 FHSGE_{i,t} + \beta_2 Size_{i,t} + \beta_3 Lev_{i,t} + \beta_4 Growth_{i,t} + \beta_5 Cash_{i,t} + \beta_6 Soe_{i,t} + \beta_7 Shrcr_{i,t} + \beta_8 Exrt_{i,t} + \beta_9 Ndrct_{i,t} + \beta_{10} Idrt_{i,t} + \beta_{11} Dual_{i,t} + \beta_{12} Age_{i,t} + \varepsilon_{i,t} \quad (7.1)$$

---

① 《中國企業公民報告（2009）》藍皮書中指出，工業企業是中國環境污染的主要源頭。

其中，$TobinQ_{i,j}$為被解釋變量，用以度量公司價值，是公司市場價值與重置成本的比值。$FHSGE_{i,j}$為解釋變量，是綜合報告體系信息披露指數。它主要由五類指標信息披露指數構成：財務類信息披露指數（AbsDA）、人力資源類信息披露指數（HRI）、社會關係信息披露指數（SRI）、公司治理信息披露指數（CGI）、環境信息披露指數（ERI）。$Size_{i,j}$等為控制變量。具體說明如下：

（1）被解釋變量

企業價值（Tobin Q）。國外文獻大多選擇 Tobin Q 作為企業價值的衡量指標，而中國文獻選取的企業價值指標主要有兩類：財務指標和企業市場價值。財務指標主要有資產收益率（ROA）、淨資產收益率（ROE）、銷售利潤率（ROS）和主營業務收益率等，而衡量企業市場價值的指標主要是 Tobin Q。因為資產收益率、淨資產收益率、銷售利潤率和主營業務收益率等可能會受到會計包裝、盈餘管理以及股市欠成熟等因素影響，從而導致數據失真現象較為嚴重，以其作為企業價值衡量指標時需要慎重。因此，一般衡量企業價值會借鑑白重恩等的做法，選擇 Tobin Q 作為衡量企業價值的指標，它是用來反應企業價值及其長期成長能力的指標，該指標越高意味著投資者越相信公司將迅速成長，越願意向該公司投資；反之，則說明投資者對公司發展前景越沒有信心。

（2）解釋變量

①綜合報告體系信息披露指數（FHSGE）。它主要由五類指標信息披露指數構成：財務類信息披露指數（AbsDA）、人力資源類信息披露指數（HRI）、社會關係信息披露指數（SRI）、公司治理信息披露指數（CGI）、環境信息披露指數（ERI）。具體計算比例為本書第六章運用 AHP 層次分析法得出的指標體系五大維度的權重：

$$FHSGE = 0.341AbsDA + 0.085ERI + 0.145SRI + 0.235HRI + 0.194CGI \qquad (7.2)$$

②財務類信息披露指數（AbsDA）計量。由於上一章篩選出的 10 個財務維度指標無法直接作為財務信息披露指數的度量，因而本書採用替代指標進行間接度量。目前，對於財務信息披露程度的計量主要有上市公司信息透明度、信息質量等指標。通常將深交所披露的「上市公司誠信檔案」作為企業信息透明度的替代變量，但是由於該誠信檔案主要公布企業處罰與處分記錄公告，如果參考這個誠信檔案公布的信息在一定程度上無法避免主觀性對指標的影響。故而多數研究採用企業財務信息質量來衡量財務信息披露程度，本書也不例外。而針對企業財務信息質量的評估，主要依賴盈餘管理理論，通過一系列的算法將現有財報上的財務信息轉化成能夠描述企業信息質量的指標。根據相關學者（黃新建 等，2006）的研究，盈餘管理理論主要有總應計利潤模型

（包含隨機遊走模型、均值回復應計利潤模型、成分模型、Jones模型及修正的Jones模型、行業模型等）和具體應計利潤模型等。總應計利潤模型將總應計利潤分為可操縱應計利潤（DA）和不可操縱應計利潤（NDA）兩部分。

針對公司財務報告涵蓋的信息有效程度，本書結合蔡海靜（2011）研究綜合報告體系的模型，選用修正的Jones模型將財務信息分為可操縱和不可操縱應計量兩部分，進而選擇公司可操縱應計額的絕對值（AbsDA）作為財務信息披露指數的替代變量①。該變量的數值越大表明企業盈餘操縱程度越高，財務信息披露質量越差。該指標為逆指標②，在列入綜合報告體系信息披露指數計算時應取倒數。該指標具體計算過程如下：

首先，根據以下模型估計各行業每年度的參數：

$$AC_t = \alpha_1 + \alpha_2(\Delta REV_t) + \alpha_3(PPE_t) + \varepsilon_t$$

其中，AC為公司當年淨利潤相對於公司當年平均總資產規模的比值，$\Delta REV$為主營業務收入增量相對於公司當年平均總資產規模的比值，$PPE$為公司固定資產總量相對於公司當年平均總資產規模的比值。

其次，在估計出參數之後，帶入下式算出不可操縱的會計應計量（NDA）：

$$NDA_t = \alpha_1 \cdot \frac{1}{TA_{t-1}} + \alpha_2(\Delta REV_t - \Delta REC_t)$$

其中，$\Delta REC$為應收帳款增量相對於公司當年平均總資產規模的比值。$TA_{t-1}$為上年總資產。

最後，將結果帶入下式即可得出可操縱的會計應計量的絕對值（AbsDA）：

$$AbsDA_t = |AC_t - NDA_t|$$

③非財務類信息披露質量測度及其變量。由於非財務類信息（人力資源信息、社會關係信息、公司治理信息、環境信息）不像財務信息那樣是貨幣化的標準信息，該類信息披露質量的計量方法主要有三種：問卷調查法、企業聲譽法和內容分析法。問卷調查法是一種間接的測量方法，根據被調查者對於各項指標披露程度的判斷結果，作為非財務類信息披露質量的依據。但是這種方法比較主觀，缺乏對數據來源的客觀性考證，同時這種方法需要大量的樣本，並且需要大量該領域的專家作為被調查者，因此這種方法不適用於本書。企業聲譽法主要採用獨立的第三方機構對企業非財務信息指標披露的評價作為企業該類信息披露質量的依據。國外很多研究者採用這種方法，因為有權威機

---

① 在該項逆指標計量時，本書通過取倒數的方式進行了正向化處理。
② 逆指標為指標數值越小情況越好的統計指標。

構進行信息質量評估。但中國目前尚未建立非財務信息的第三方機構評價體系，因而這種方法不適用於現階段對中國上市公司的評價。內容分析法是以企業的非財務類報告包括社會責任報告、環境報告等作為分析對象，查找企業對外披露的非財務信息，並對其進行分類整理，最後給予各項目評分。本方法可以將不同類的信息按內容質量標準進行統一打分賦值，可以實現對不同指標信息披露質量的橫向對比。因此本書將內容分析法應用於非財務信息披露指數的構建中。在考慮國家就強制性和自願性披露的相關法律政策規定的應含內容的基礎上，結合之前學者在非財務信息披露內容方面研究的成果與工業企業的實際情況，本書將非財務信息按定量和定性描述進行分類，並結合披露的詳細程度進行打分。打分規則為：屬於詳細披露且定性和定量相結合的計 2 分；屬於披露不完全，僅有定性描述的計 1 分；完全沒有披露的計 0 分。根據此標準，筆者對這部分信息採用手工整理的方式對四大類非財務指標進行打分，得到的分值乘以第六章中算出的每項分指標的權重，最後將各大類分值加總作為該類非財務信息披露的指數。指數數值越大，表明該類非財務信息披露質量越高。

$$某類非財務信息披露指數 = \sum 每項二級指標得分 \times 權重$$

表 7-1 為綜合報告指標體系各類別信息披露質量測度方法及指標含義。

**表 7-1　綜合報告指標體系各類別信息披露指數**

| 總指標 | 一級指標 | 二級指標 | 指標含義 |
|---|---|---|---|
| 綜合報告體系信息披露指數 FHSGE | 財務信息披露指數（用可操縱應計額的絕對值 AbsDA 替代） | 總資產 | 其數值表明公司盈餘管理程度與財務信息披露質量的相關性，該變量的數值越大表明企業盈餘操縱程度越高，財務信息披露質量越差 |
| | | 淨利潤 | |
| | | 所有者權益 | |
| | | 每股收益 | |
| | | 淨資產收益率 | |
| | | 經營活動產生的現金流量淨額 | |
| | | 投資活動產生的現金流量淨額 | |
| | | 籌資活動產生的現金流量淨額 | |
| | | 主營業務收入 | |
| | | 總負債 | |

表7-1(續)

| 總指標 | 一級指標 | 二級指標 | 指標含義 |
|---|---|---|---|
| 綜合報告體系信息披露指數 FHSGE | 人力資源信息披露指數 HRI | 員工薪酬 | 對公司二級指標披露情況採取評分制，屬於詳細披露且定性和定量相結合的計2分，屬於披露不完全，僅有定性描述的計1分，完全沒有披露的計0分。按照披露的數字化程度從低到高評為0、1、2分，再乘以第六章得到的各項指標權重，得到該類別信息披露指數。指數數值越大，表明該類非財務信息披露質量越高 |
| | | 員工合法權益 | |
| | | 勞保支出 | |
| | | 帶薪培訓 | |
| | | 員工升職率 | |
| | | 員工流失率 | |
| | 社會關係信息披露指數 SRI | 股東社會背景 | |
| | | 董事社會背景 | |
| | | 與銀行合作情況 | |
| | | 對政府履行的納稅責任 | |
| | | 產品及服務質量 | |
| | | 償債情況 | |
| | 公司治理信息披露指數 CGI | 股權集中度 | |
| | | 控股股東擔保金額 | |
| | | 控股股東占用資金 | |
| | | 高管人員的薪酬 | |
| | | 專業委員會個數 | |
| | | 監事會召開次數 | |
| | | 兩職合一 | |
| | | 股權制衡 | |
| | 環境信息披露指數 ERI | 萬元產值綜合能耗 | |
| | | 「三廢」排放 | |
| | | 「三廢」循環利用 | |
| | | 研發綠色環保產品支出 | |
| | | 能源消耗總量 | |

(3) 控制變量

①公司規模（Size）。公司規模的大小與信息披露水準具有很大的相關性。

一方面，公司規模越大，經營風險越低，其產品和服務的競爭力相對越強，市場對其的信任度也會越高，這會為企業價值帶來越高的評價。另一方面，投資人會看好企業的發展態勢，企業的權益資本成本自然也會隨之下降。因而公司規模有必要作為控制變量納入模型中，以降低其對結論的干擾和偶然性，本書選用總資產取自然對數來對其進行衡量。

②資產負債率（Lev）。資產負債率作為對企業財務槓桿的度量，很大程度上是指企業在融資過程中，通過舉債對企業的資本結構進行調整。資產負債率能夠直觀地反應出上市公司的資本結構中，債務相對於股東權益是否占比過高。財務槓桿利用得當，會使企業在市場中受益。如果利用不當，根據信號傳遞，它過高的舉債比值會向市場發出高風險的財務現狀的負面信號，會使得企業展開生產銷售活動更為艱難，相應地預期現金流量也會受到影響。據此，本書將這個變量納入模型。

③成長性（Growth）。成長性就是指企業潛在的發展能力，是投資方對企業做出投資決策時最為關心的一項評分標準。它會通過企業收益的不斷變化釋放出一個成長性高低的信號。一般來說，成長性趨勢較好的企業，會在未來吸引更多的現金流量，同時這種預期也會作用於企業價值上，這種作用效果通常都是積極正面的；反之，則會使企業的投資方乃至整個市場，降低對企業未來的持續經營能力的認可度，提高對其的風險預估水準，這種各方謹慎投資的態度勢必會造成企業在使用或者籌集資本上付出更大的代價，進而體現在企業價值的變動上。所以，本書選用了這個變量作為控制變量加入模型，選用營業利潤增長率作為評估企業成長性的指標。

④企業性質（Soe）。對於工業企業來說，國有性質的上市公司比民營性質的上市公司對信息披露有更強的使命感，這種使命感會在編製對外報告的時候，通過透露數量更多、質量更優的信息的行為來體現。利益相關者看到企業在信息披露上的積極態度，企業沒有推脫或者隱瞞，這樣企業的產品在商品市場、資本市場等市場中都會樹立一個不錯的形象，引起企業價值的良性變動。由於產權性質的特殊性，本書將其以啞變量的形式進行量化，國有與非國有的上市公司分別取值為 1 和 0。

⑤股權集中度（Shrcr）。股權集中度越高，股東的權利越集中，股東的執行能力也就越強，那麼企業的發展前景也就越好；從企業自身利益出發，企業的信息披露質量也就越高。因此，本書將股權集中度作為一個控制變量，用企業中第一大股東的持股比例來計量。

⑥其他控制變量。本章還控制了在企業履行社會責任提升企業價值過程中

的影響因素研究中較為集中的公司治理因素（張正勇 等，2012；張正勇 等，2013），具體包括高管持股比例（Exrt）、董事會規模（Ndrct）、獨立董事比例（Idrt）、兩職兼任（Dual），最後本章還控制了企業年齡（Age）、經營現金流（Cash）。

變量名稱及變量定義見表 7-2。

表 7-2　變量定義

|  | 變量名稱 | 變量符號 | 變量定義 |
|---|---|---|---|
| 被解釋變量 | 托賓值 | Tobin Q | 企業價值（股權的市場價值+負債帳面價值）/總資產的帳面價值 |
| 解釋變量 | 財務信息披露指數 | AbsDA | 可操縱性應計利潤的絕對值 |
| | 人力資源信息披露指數 | HRI | 人力資源信息披露指數＝$\sum$每項二級指標得分×權重 |
| | 社會關係信息披露指數 | SRI | 社會關係信息披露指數＝$\sum$每項二級指標得分×權重 |
| | 公司治理信息披露指數 | CRI | 公司治理信息披露指數＝$\sum$每項二級指標得分×權重 |
| | 環境信息披露指數 | ERI | 環境信息披露指數＝$\sum$每項二級指標得分×權重 |
| 控制變量 | 企業性質 | Soe | 虛擬變量，如果企業的實際控制人為國有法人或國家政府機關等部門則取1，否則為0 |
| | 股權集中度 | Shrcr | 企業中第一大股東的持股比例 |
| | 高管持股比例 | Exrt | 高管人員持股數占總股數的比例 |
| | 董事會規模 | Ndrct | 企業中董事會的人數 |
| | 獨立董事比例 | Idrt | 獨立董事人數占董事會規模的比例 |
| | 兩職兼任 | Dual | 虛擬變量，董事長與總經理若為同一人則取1，否則為0 |
| | 企業規模 | Size | 總資產取自然對數 |
| | 財務槓桿 | Dual | 負債總額/資產總額 |
| | 經營現金流量 | Size | 經營現金流量淨額與平均總資產的比值 |
| | 成長性 | Growth | [t年營業收入−(t−1)年營業收入]/(t−1)年營業收入 |
| | 企業年齡 | Age | 企業成立至樣本年度的存續年限 |

## 7.4 實證檢驗與結果分析

### 7.4.1 描述性統計及相關性分析

#### 7.4.1.1 描述性統計

表 7-3 和表 7-4 分別列示了本章主要變量的描述性統計結果。為更深入地分析不同性質的企業在綜合信息披露方面的特點，本書首先按照企業性質，把作為樣本的 527 家企業分為非國有法人或非國家政府機關等部門法人和國有或國家政府機關等部門法人兩組進行分析，觀察其中的規律。同時，本書根據各家企業兩職兼任的情況，將 520 家企業[①]分為非兩職兼任和兩職兼任兩組，進行對比分析。

表 7-3 列示了 527 家企業按照企業性質分組後的描述性統計結果。總體來看，在被解釋變量方面，被解釋變量 Tobin Q 的均值為 3.005，中位數為 2.497，兩者較為接近，且標準差為 1.832，表明樣本中 Tobin Q 指標的分佈整體較為均勻；但從最大值（13.74）、最小值（0.89）來看，差異較大，表明個別樣本企業之間差異較大。從解釋變量來看，綜合報告體系信息披露指數（FHSGE）的均值為 3.731，中位數為 3.698，二者較為接近，說明樣本整體分佈較為均勻；最大值（8.63）、最小值（1.57）表明個別樣本之間差異較大。財務信息披露指數（AbsDA）、環境信息披露指數（ERI）、公司治理信息披露指數（CGI）、社會關係信息披露指數（SRI）、人力資源信息披露指數（HRI）的均值與中位數均較為接近，其標準差、最大值和最小值均顯示出樣本整體分佈較為均勻，不存在異常值。控制變量方面，從公司規模（Size）、資產負債率（Lev）、成長性（Growth）、公司年齡（Age）、經營現金流（Cash）等變量的均值、中位數、標準差以及最大值和最小值來看，樣本整體分佈較為均勻，無異常值。

按照企業性質分組後，民營性質的上市公司雖然在 Tobin Q 值、財務信息披露指數（AbsDA）、環境信息披露指數（ERI）、公司治理信息披露指數（CGI）、社會關係信息披露指數（SRI）方面的均值均高於國有性質的上市公司，但在綜合報告體系信息披露指數（AbsDA）、人力資源信息披露指數（HRI）方面國有性質的上市公司整體披露質量更高。原因可能是國有性質的

---

① 有 7 家企業指標缺失，故沒有納入觀測值。

表 7-3 按企業性質分組各變量的描述統計量

| 企業性質 | | TobinQ | FHSGE | AbsDA | ERI | CGI | SRI | HRI | Size | Lev | Growth | Cash | Age | Shrcr | Exrt | Ndrct | Idrt |
|---|---|---|---|---|---|---|---|---|---|---|---|---|---|---|---|---|---|
| 非國有企業 | 均值 | 3.155 | 3.829 | 0.117 | 1.066 | 1.129 | 1.107 | 1.105 | 22.027 | 0.365 | 0.113 | 0.075 | 8.61 | 0.319 | 0.089 | 8.28 | 0.378 |
| | N | 1,110 | 1,110 | 1,110 | 1,110 | 1,110 | 1,110 | 1,110 | 1,110 | 1,110 | 1,110 | 1,110 | 1,110 | 1,110 | 1,110 | 1,110 | 1,110 |
| | 標準差 | 1.779 | 0.855 | 0.029 | 0.450 | 0.393 | 0.454 | 0.451 | 0.836 | 0.161 | 0.399 | 0.088 | 5.008 | 0.135 | 0.146 | 1.455 | 0.057.2 |
| | 中位數 | 2.691 | 3.757 | 0.114 | 1.052 | 1.149 | 1.161 | 1.165 | 21.939 | 0.359 | 0.039 | 0.064 | 7.00 | 0.309 | 0.012 | 9.00 | 0.333 |
| | 最小值 | 0.97 | 2.04 | 0.045 | 0.00 | 0.24 | 0.15 | 0.00 | 19.804 | 0.019 | -0.466 | -0.283 | 2 | 0.043 | 0.000 | 5 | 0.250 |
| | 最大值 | 13.74 | 8.63 | 0.214 | 2.00 | 2.00 | 2.00 | 2.00 | 25.582 | 0.766 | 4.519 | 0.574 | 24 | 0.731 | 0.644 | 13 | 0.600 |
| 國有企業 | 均值 | 2.653 | 3.501 | 0.133 | 0.899 | 0.983 | 0.956 | 0.927 | 22.779 | 0.453 | 0.039 | 0.069 | 14.94 | 0.354 | 0.003 | 9.10 | 0.365 |
| | N | 527 | 527 | 527 | 527 | 527 | 527 | 527 | 527 | 527 | 527 | 527 | 527 | 527 | 527 | 527 | 527 |
| | 標準差 | 1.912 | 1.069 | 0.047 | 0.473 | 0.396 | 0.506 | 0.481 | 1.149 | 0.182 | 0.281 | 0.069 | 5.443 | 0.142 | 0.009 | 1.735 | 0.050 |
| | 中位數 | 1.945 | 3.470 | 0.118 | 0.858 | 0.994 | 0.858 | 0.835 | 22.619 | 0.471 | 0.001 | 0.065 | 17.00 | 0.345 | 0.000 | 9.00 | 0.333 |
| | 最小值 | 0.89 | 1.57 | 0.061 | 0.00 | 0.24 | 0.00 | 0.00 | 20.217 | 0.069 | -0.561 | -0.171 | 5 | 0.081 | 0.000 | 5 | 0.300 |
| | 最大值 | 12.11 | 6.56 | 0.290 | 2.00 | 1.88 | 2.00 | 2.00 | 25.909 | 0.798 | 2.079 | 0.329 | 23 | 0.841 | 0.055 | 16 | 0.600 |
| Total | 均值 | 3.005 | 3.731 | 0.122 | 1.017 | 1.085 | 1.062 | 1.052 | 22.250 | 0.392 | 0.091 | 0.074 | 10.50 | 0.329 | 0.063 | 8.53 | 0.374 |
| | N | 1,581 | 1,581 | 1,581 | 1,581 | 1,581 | 1,581 | 1,581 | 1,581 | 1,581 | 1,581 | 1,581 | 1,581 | 1,581 | 1,581 | 1,581 | 1,581 |
| | 標準差 | 1.832 | 0.935 | 0.036 | 0.463 | 0.399 | 0.475 | 0.467 | 0.999 | 0.172 | 0.369 | 0.083 | 5.896 | 0.138 | 0.128 | 1.587 | 0.055 |
| | 中位數 | 2.497 | 3.698 | 0.116 | 1.008 | 1.118 | 1.042 | 1.148 | 22.121 | 0.377 | 0.024 | 0.065 | 8.00 | 0.319 | 0.002 | 9.00 | 0.333 |
| | 最小值 | 0.89 | 1.57 | 0.045 | 0.00 | 0.24 | 0.00 | 0.00 | 19.803 | 0.019 | -0.561 | -0.283 | 2 | 0.043 | 0.000 | 5 | 0.250 |
| | 最大值 | 13.74 | 8.63 | 0.290 | 2.00 | 2.00 | 2.00 | 2.00 | 25.909 | 0.798 | 4.519 | 0.574 | 24 | 0.841 | 0.644 | 16 | 0.600 |

表 7-4　按是否兩職兼任分組各變量的描述統計量

| 是否兩職兼任 | | TobinQ | FHSGE | AbsDA | ERI | CGI | SRI | HRI | Size | Lev | Growth | Cash | Age | Shrer | Exrt | Ndrct | Idrt |
|---|---|---|---|---|---|---|---|---|---|---|---|---|---|---|---|---|
| 非兩職兼任 | 均值 | 2.890 | 3.679 | 0.123 | 1.000 | 1.062 | 1.018 | 1.019 | 22.344 | 0.393 | 0.093 | 0.071 | 11.24 | 0.333 | 0.029 | 8.75 | 0.368 |
| | N | 371 | 371 | 371 | 371 | 371 | 371 | 371 | 371 | 371 | 371 | 371 | 371 | 371 | 371 | 371 | 371 |
| | 標準差 | 1.833 | 0.962 | 0.037 | 0.458 | 0.408 | 0.483 | 0.484 | 0.998 | 0.173 | 0.405 | 0.078 | 6.110 | 0.141 | 0.075 | 1.530 | 0.052 |
| | 中位數 | 2.356 | 3.647 | 0.116 | 1.000 | 1.111 | 1.003 | 1.001 | 22.209 | 0.381 | 0.021 | 0.065 | 9.00 | 0.321 | 0.001 | 9.00 | 0.333 |
| | 最小值 | 0.89 | 1.57 | 0.045 | 0.00 | 0.24 | 0.00 | 0.00 | 20.154 | 0.031 | −0.494 | −0.283 | 4 | 0.043 | 0.000,0 | 5 | 0.250 |
| | 最大值 | 13.74 | 8.63 | 0.257 | 2.00 | 2.00 | 2.00 | 2.00 | 25.909 | 0.792 | 4.519 | 0.439 | 23 | 0.841 | 0.642 | 16 | 0.600 |
| 兩職兼任 | 均值 | 3.241 | 3.842 | 0.118 | 1.054 | 1.137 | 1.154 | 1.123 | 22.042 | 0.386 | 0.093 | 0.079 | 8.55 | 0.319 | 0.149 | 8.01 | 0.391 |
| | N | 149 | 149 | 149 | 149 | 149 | 149 | 149 | 149 | 149 | 149 | 149 | 149 | 149 | 149 | 149 | 149 |
| | 標準差 | 1.811 | 0.849 | 0.034 | 0.481 | 0.378 | 0.434 | 0.408 | 0.984 | 0.170 | 0.269 | 0.093 | 4.869 | 0.127 | 0.184 | 1.596 | 0.061 |
| | 中位數 | 2.786 | 3.816 | 0.112 | 1.150 | 1.139 | 1.185 | 1.165 | 21.895 | 0.372 | 0.038 | 0.066 | 7.00 | 0.312 | 0.042 | 8.00 | 0.375 |
| | 最小值 | 0.96 | 1.64 | 0.067 | 0.00 | 0.24 | 0.16 | 0.16 | 19.803 | 0.019 | −0.364 | −0.171 | 2 | 0.090 | 0.000 | 5 | 0.333 |
| | 最大值 | 10.57 | 6.04 | 0.290 | 2.00 | 2.00 | 2.00 | 1.85 | 25.809 | 0.798 | 1.707 | 0.574 | 24 | 0.606 | 0.644 | 13 | 0.600 |
| Total | 均值 | 2.991 | 3.726 | 0.122 | 1.016 | 1.084 | 1.057 | 1.049 | 22.258 | 0.391 | 0.093 | 0.074 | 10.47 | 0.329 | 0.064 | 8.53 | 0.374 |
| | N | 520 | 520 | 520 | 520 | 520 | 520 | 520 | 520 | 520 | 520 | 520 | 520 | 520 | 520 | 520 | 520 |
| | 標準差 | 1.832 | 0.933 | 0.036 | 0.465 | 0.401 | 0.473 | 0.466 | 1.003 | 0.172 | 0.371 | 0.083 | 5.903 | 0.137 | 0.129 | 1.583 | 0.056 |
| | 中位數 | 2.491 | 3.693 | 0.116 | 1.008 | 1.118 | 1.027 | 1.142 | 22.123 | 0.377 | 0.025 | 0.065 | 8.00 | 0.319 | 0.002 | 9.00 | 0.333 |
| | 最小值 | 0.89 | 1.57 | 0.045 | 0.00 | 0.24 | 0.00 | 0.00 | 19.803 | 0.019,7 | −0.494 | −0.283 | 2 | 0.043 | 0.000 | 5 | 0.250 |
| | 最大值 | 13.74 | 8.63 | 0.290 | 2.00 | 2.00 | 2.00 | 2.00 | 25.909 | 0.798 | 4.519 | 0.574 | 24 | 0.841 | 0.644 | 16 | 0.600 |

上市公司比民營性質的上市公司在社會責任信息披露方面有更多強制性要求，對人力資源等非財務信息披露有更強的使命感，這種使命感會在編製對外報告的時候，通過透露數量更多、質量更優的信息的行為來體現。同時國有性質的上市公司更傾向於在商品市場、資本市場等市場中樹立良好印象，在信息披露上採取了更為積極的態度，沒有推脫或者隱瞞。而從剩餘變量的最大值、最小值來看，無論國有性質還是民營性質的上市公司樣本間存在的差異均較大，從均值和中位數來看，樣本總體的變異不大。

表 7-4 列示了 520 家企業按照是否有兩職兼任情況分組後的描述性統計結果。總體來看，在被解釋變量方面，被解釋變量 Tobin Q 的均值為 2.991，中位數為 2.491，兩者較為接近，且標準差為 1.832，表明樣本中 Tobin Q 指標的分佈整體較為均勻；但從最大值（13.74）、最小值（0.89）來看，差異較大，表明個別樣本之間差異較大。從解釋變量來看，綜合報告體系信息披露指數（FHSGE）的均值為 3.726，中位數為 3.693，二者兩位較為接近，說明樣本整體分佈較為均勻；最大值（8.63）、最小值（1.57）表明個別樣本之間差異較大。財務信息披露指數（AbsDA）、環境信息披露指數（ERI）、公司治理信息披露指數（CGI）、社會關係信息披露指數（SRI）、人力資源信息披露指數（HRI）的均值與中位數均較為接近，其標準差、最大值、最小值均顯示，樣本整體分佈較為均勻，不存在異常值。控制變量方面，從公司規模（Size）、資產負債率（Lev）、成長性（Growth）、公司年齡（Age）、經營現金流（Cash）等變量的均值、中位數、標準差以及最大值和最小值來看，樣本整體分佈較為均勻，無異常值。按照企業性質分組後，兩類企業在 Tobin Q 值、綜合報告體系信息披露指數（FHSGE）、財務信息披露指數（AbsDA）、環境信息披露指數（ERI）、公司治理信息披露指數（CGI）、社會關係信息披露指數（SRI）、人力資源信息披露指數（HRI）方面的均值、中位數、最大值、最小值來看，兩者差異不大，無論是否有兩職兼任的情況，樣本間存在的差異較大，從均值和中位數來看，樣本總體的變異不大。

7.4.1.2 相關性分析

這裡首先對解釋變量進行相關性分析，從表 7-5a 和表 7-5b 所列示的主要變量 Pearson 相關性分析結果來看，解釋變量綜合報告體系信息披露指數（FHSGE）與被解釋變量 Tobin Q 的相關係數為 0.397，表明本書所設計的綜合報告指標體系中五大類信息整體的披露質量與企業價值顯著正相關，初步驗證假設 H7-1。而從五大類指標每一類維度來看，財務信息披露指數（AbsDA）與 Tobin Q 的相關係數為 -0.250，在 0.05 的水準上顯著，該指標為逆指標，信

表 7-5a　變量間的相關性分析

| | TobinQ | FHSGE | AbsDA | ERI | CGI | SRI | HRI | Seo | Size | Lev |
|---|---|---|---|---|---|---|---|---|---|---|
| TobinQ | 1 | 0.397(**) | -0.250(**) | 0.630(**) | 0.619(**) | 0.602(**) | 0.612(**) | -0.125(**) | -0.522(**) | -0.343(**) |
| FHSGE | 0.397(**) | 1 | -0.906(**) | 0.368(**) | 0.428(**) | 0.414(**) | 0.423(**) | -0.161(**) | -0.196(**) | -0.231(**) |
| AbsDA | -0.250(**) | -0.906(**) | 1 | -0.213(**) | -0.236(**) | -0.208(**) | -0.222(**) | 0.196(**) | 0.122(**) | 0.198(**) |
| ERI | 0.630(**) | 0.368(**) | -0.213(**) | 1 | 0.636(**) | 0.632(**) | 0.638(**) | -0.165(**) | -0.415(**) | -0.306(**) |
| CGI | 0.619(**) | 0.428(**) | -0.236(**) | 0.636(**) | 1 | 0.675(**) | 0.681(**) | -0.167(**) | -0.447(**) | -0.329(**) |
| SRI | 0.602(**) | 0.414(**) | -0.208(**) | 0.632(**) | 0.675(**) | 1 | 0.688(**) | -0.145(**) | -0.465(**) | -0.321(**) |
| HRI | 0.612(**) | 0.423(**) | -0.222(**) | 0.638(**) | 0.681(**) | 0.688(**) | 1 | -0.175(**) | -0.419(**) | -0.298(**) |
| Seo | -0.125(**) | -0.161(**) | 0.196(**) | -0.165(**) | -0.167(**) | -0.145(**) | -0.175(**) | 1 | 0.344(**) | 0.234(**) |
| Size | -0.522(**) | -0.196(**) | 0.122(**) | -0.415(**) | -0.447(**) | -0.465(**) | -0.419(**) | 0.344(**) | 1 | 0.479(**) |
| Lev | -0.343(**) | -0.231(**) | 0.198(**) | -0.306(**) | -0.329(**) | -0.321(**) | -0.298(**) | 0.234(**) | 0.479(**) | 1 |
| Growth | 0.044 | 0.094(*) | -0.106(**) | 0.063 | 0.048 | 0.018 | 0.035 | -0.091(*) | 0.024 | -0.037 |
| Cash | 0.079 | -0.060 | 0.114(**) | 0.100(*) | 0.079 | 0.100(*) | 0.115(**) | -0.032 | 0.027 | -0.086(*) |
| Age | -0.134(**) | -0.102(*) | 0.119(**) | -0.162(**) | -0.203(**) | -0.176(**) | -0.219(**) | 0.491(**) | 0.306(**) | 0.248(**) |
| Shrcr | -0.038 | -0.075 | 0.104(**) | -0.022 | -0.022 | -0.007 | -0.047 | 0.117(**) | 0.144(**) | 0.078 |
| Exrt | 0.020 | 0.066 | -0.079 | 0.040 | 0.048 | 0.063 | 0.087(*) | -0.308(**) | -0.165(**) | -0.107(**) |
| Ndrct | -0.195(**) | -0.115(**) | 0.088(*) | -0.113(**) | -0.134(**) | -0.174(**) | -0.135(**) | 0.235(**) | 0.255(**) | 0.115(**) |
| Idrt | 0.075 | 0.003 | 0.041 | 0.075 | 0.020 | 0.090(*) | 0.072 | -0.101(*) | -0.039 | -0.011 |
| Dual | 0.087(*) | 0.078 | -0.071 | 0.052 | 0.084 | 0.130(**) | 0.101(*) | -0.292(**) | -0.136(**) | -0.018 |

表 7-5b 變量間的相關性分析

| | Growth | Cash | Age | Shrcr | Exrt | Ndrct | Idrt | Dual |
|---|---|---|---|---|---|---|---|---|
| Tobin Q | 0.044 | 0.079 | -0.134 (**) | -0.038 | 0.020 | -0.195 (**) | 0.075 | 0.087 (*) |
| FHSGE | 0.094 (*) | -0.060 | -0.102 (*) | -0.075 | 0.066 | -0.115 (**) | 0.003 | 0.078 |
| AbsDA | -0.106 (*) | 0.114 (**) | 0.119 (**) | 0.104 (*) | -0.079 | 0.088 (*) | 0.041 | -0.071 |
| ERI | 0.063 | 0.100 (*) | -0.162 (**) | -0.022 | 0.040 | -0.113 (**) | 0.075 | 0.052 |
| CGI | 0.048 | 0.079 | -0.203 (**) | -0.022 | 0.048 | -0.134 (**) | 0.020 | 0.084 |
| SRI | 0.018 | 0.100 (*) | -0.176 (**) | -0.007 | 0.063 | -0.174 (**) | 0.090 (*) | 0.130 (**) |
| HRI | 0.035 | 0.115 (**) | -0.219 (**) | -0.047 | 0.087 (*) | -0.135 (**) | 0.072 | 0.101 (*) |
| Seo | -0.091 (*) | -0.032 | 0.491 (**) | 0.117 (**) | -0.308 (**) | 0.235 (**) | -0.101 (**) | -0.292 (**) |
| Size | 0.024 | 0.027 | 0.306 (**) | 0.144 (**) | -0.165 (**) | 0.255 (**) | -0.039 | -0.136 (**) |
| Lev | -0.037 | -0.086 (*) | 0.248 (**) | 0.078 | -0.107 (**) | 0.115 (**) | -0.011 | -0.018 |
| Growth | 1 | 0.045 | -0.104 (*) | -0.058 | 0.107 (**) | -0.031 | 0.013 | 0.000 |
| Cash | 0.045 | 1 | -0.027 | 0.148 (**) | 0.012 | 0.039 | -0.039 | 0.042 |
| Age | -0.104 (*) | -0.027 | 1 | -0.006 | -0.353 (**) | 0.138 (**) | -0.034 | -0.206 (**) |
| Shrcr | -0.058 | 0.148 (**) | -0.006 | 1 | -0.001 | -0.067 | 0.060 | -0.045 |
| Exrt | 0.107 (*) | 0.012 | -0.353 (**) | -0.001 | 1 | -0.135 (**) | 0.134 (**) | 0.424 (**) |
| Ndrct | -0.031 | 0.039 | 0.138 (**) | -0.067 | -0.135 (**) | 1 | -0.581 (**) | -0.211 (**) |
| Idrt | 0.013 | -0.039 | -0.034 | 0.060 | 0.134 (**) | -0.581 (**) | 1 | 0.185 (**) |
| Dual | 0.000 | 0.042 | -0.206 (**) | -0.045 | 0.424 (**) | -0.211 (**) | 0.185 (**) | 1 |

息披露質量同盈餘管理之間存在負相關關係（龔方亮，2008），說明企業財務信息披露質量越高，其進行盈餘管理的動機越小，對企業價值的提升效果越顯著，假設 H1a 得到初步驗證。環境信息披露指數（ERI）與 Tobin Q 的相關係數為 0.630，在 0.05 的水準上顯著，說明企業在環境信息方面披露越充分並且質量越高，越能影響企業價值的提升，假設 H1b 得到初步驗證。公司治理信息披露指數（CGI）與 Tobin Q 的相關係數為 0.691，在 0.05 的水準上顯著，說明企業在公司治理信息方面披露越充分、質量越高，越能影響企業價值的提升，初步驗證了假設 H1c。社會關係信息披露指數（SRI）與 Tobin Q 的相關係數為 0.602，在 0.05 的水準上顯著，說明企業在社會關係信息方面披露越充分並且質量越高，越能影響企業價值的提升，初步驗證了假設 H1d。人力資源信息披露指數（HRI）與 Tobin Q 的相關係數為 0.612，在 0.05 的水準上顯著，說明企業在人力資源信息方面披露越充分並且質量越高，越能影響企業價值的提升，假設 H1e 得到初步驗證。同時由於各個解釋變量和控制變量之間的相關係數的絕對值沒有大於 0.5，很好地說明了各個變量之間不存在嚴重的多重共線性問題。

### 7.4.2 綜合信息披露指數與企業價值相關性

前面我們根據相關性的分析瞭解到這些變量之間存在著線性相關關係，於是本部分進一步通過線性迴歸方程檢驗其關係的規律，從而進一步驗證企業價值與解釋變量之間的關係，據以驗證本章假設是否成立。通過最小二乘估計得迴歸方程的估計結果見表 7-6。可以看出，首先，財務信息披露指數（AbsDA）作為逆向指標對企業價值（Tobin Q）的迴歸系數為-10.925，t 值為-5.669，在 0.01 水準下顯著，說明財務信息披露指數與企業價值間存在顯著的負相關關係，即指標體系中財務信息披露質量越高，企業進行盈餘管理的傾向越低，從而正向影響企業價值，假設 H1a 得到驗證。其次，環境信息披露指數（ERI）與企業價值（Tobin Q）的迴歸系數為 1.915，t 值為 13.686，在 0.01 水準下呈顯著正相關關係，表明環境信息披露對企業價值的提升具有激勵作用，環境類信息披露越充分的情況下，企業價值將越高，假設 H1b 得到驗證。公司治理信息披露指數（CGI）、社會關係信息披露指數（SRI）、人力資源信息披露指數（HRI）與企業價值（Tobin Q）的迴歸系數分別為 2.121、1.667、1.823，均在 0.01 水準下呈現顯著正相關關係，進而說明企業披露綜合報告指標體系中公司治理信息、社會關係信息、人力資源信息指標均對企業價值有正向影響，因此，假設 H1c、H1d、H1e 得到驗證。

表7-6中模型6和模型7列示了企業綜合報告五大維度信息指數的組合多元迴歸結果。從模型7可以看出5個維度的信息披露指數的線性變換，這大致可以解釋Tobin Q的50%左右的變動，並且調整後的$R^2$有所增大，說明加入五維度信息的解釋變量後，模型對迴歸方程的解釋力度增強，迴歸效果顯著，並且加入五維度信息披露指數作為解釋變量後，所有變量的檢驗p值（Sig.）均小於0.05，這說明5個信息披露指數對Tobin Q的影響是顯著的。從模型6中可以看出加入解釋變量綜合報告體系信息披露指數（FHSGE）之後，其與Tobin Q的迴歸系數為0.618，t值為8.772，接近於在0.01的水準下顯著，說明綜合報告的整合指標信息披露較單維信息更為正向顯著，即綜合報告所反應的信息比某一維度反應的信息具有更高的價值相關性，從而能為外部投資者提供更多企業內部信息，降低信息不對稱程度和交易費用，能更有效地提升企業價值，也在一定程度上說明了構建中國企業綜合報告指標體系的有效性和必要性，對中國企業報告體系的改革具有較大參考價值。至此，假設H7-1得到驗證。

表7-6 迴歸檢驗結果

| 變量 | 模型1 | 模型2 | 模型3 | 模型4 | 模型5 | 模型6 | 模型7 |
|---|---|---|---|---|---|---|---|
| FHSGE | | | | | | 0.618*** | |
| | | | | | | (8.772) | |
| AbsDA | -10.925*** | | | | | | -4.732** |
| | (-5.669) | | | | | | (-2.903) |
| ERI | | 1.915*** | | | | | 0.988*** |
| | | (13.686) | | | | | (5.871) |
| CGI | | | 2.121*** | | | | 0.742*** |
| | | | (12.608) | | | | (3.532) |
| SRI | | | | 1.667*** | | | 0.305* |
| | | | | (11.262) | | | (1.702) |
| HRI | | | | | 1.823*** | | 0.646*** |
| | | | | | (12.811) | | (3.556) |
| Seo | 0.407** | 0.317** | 0.246 | 0.197 | 0.254 | 0.381** | 0.302** |
| | (2.287) | (2.030) | (1.544) | (1.208) | (1.600) | (2.236) | (2.057) |
| Size | -0.896*** | -0.551*** | -0.565*** | -0.559*** | -0.586*** | -0.844*** | -0.444*** |

表7-6(續)

| 變量 | DV = TobinQ ||||||| 
| | 模型1 | 模型2 | 模型3 | 模型4 | 模型5 | 模型6 | 模型7 |
| --- | --- | --- | --- | --- | --- | --- | --- |
| | (-10.994) | (-7.274) | (-7.293) | (-6.961) | (-7.660) | (-10.761) | (-6.062) |
| Lev | -0.973** | -0.751* | -0.679* | -0.794* | -0.862* | -0.776* | -0.348 |
| | (-2.169) | (-1.910) | (-1.686) | (-1.927) | (-2.159) | (-1.797) | (-0.940) |
| Growth | 0.237 | 0.167 | 0.210 | 0.264 | 0.257 | 0.195 | 0.125 |
| | (1.312) | (1.050) | (1.297) | (1.591) | (1.593) | (1.122) | (0.843) |
| Cash | 2.417** | 0.749 | 1.069 | 0.843 | 0.554 | 2.307** | 0.667 |
| | (2.954) | (1.042) | (1.461) | (1.120) | (0.755) | (2.950) | (0.979) |
| Age | 4.98E-005 | 0.005 | 0.011 | 0.006 | 0.015 | -0.002 | 0.013 |
| | (0.004) | (0.389) | (0.909) | (0.502) | (1.209) | (-1.22) | (1.136) |
| Shrcr | 0.405 | 0.092 | 0.060 | 0.015 | 0.325 | 0.360 | 0.168 |
| | (0.811) | (0.209) | (0.134) | (0.033) | (0.728) | (0.750) | (0.408) |
| Exrt | -1.364** | -0.890* | -0.840 | -0.925 | -1.101* | -1.290** | -0.780 |
| | (-2.290) | (-1.693) | (-1.562) | (-1.680) | (-2.060) | (-2.253) | (-1.589) |
| Ndrct | -0.031 | -0.087* | -0.046 | -0.051 | -0.065 | -0.024 | -0.059 |
| | (-0.572) | (-1.828) | (-0.953) | (-1.028) | (-1.346) | (-0.466) | (-1.316) |
| Idrt | 2.152 | -0.312 | 1.330 | 0.320 | 0.174 | 1.977 | 0.331 |
| | (1.450) | (-0.239) | (1.002) | (0.235) | (0.132) | (1.391) | (0.269) |
| Dual | 0.212 | 0.228 | 0.149 | 0.085 | 0.173 | 0.179 | 0.134 |
| | (1.277) | (1.557) | (0.998) | (0.550) | (1.162) | (1.118) | (0.978) |
| Constant | 23.671*** | 14.204*** | 13.126*** | 14.122*** | 14.573*** | 18.869*** | 10.824*** |
| | (13.265) | (8.408) | (7.39) | (7.786) | (8.474) | (10.622) | (6.39) |
| n | 1,581 | 1,581 | 1,581 | 1,581 | 1,581 | 1,581 | 1,581 |
| Adj R2 | 0.336 | 0.484 | 0.462 | 0.435 | 0.466 | 0.386 | 0.553 |

註：圓括號中的統計量為t值。

## 7.5 穩健性分析

為驗證模型迴歸結果的可靠性，本部分內容主要通過指標替換的方法對前文的迴歸結果進行驗證。具體如下：

在替代指標的選取方面，淨資產收益率（ROE）、資產收益率（ROA）是除了 Tobin Q 之外常用來衡量企業價值的重要指標。ROE 綜合反應了一個企業產品盈利、資金週轉和財務槓桿的情況。這個指標可以分解到每個利潤表和資產負債表項目，使我們對導致淨資產收益率變動的因素有更加深入細緻的瞭解，從而更客觀、準確、全面地分析企業價值創造能力。ROA 是評價企業資產綜合利用效果的指標，能夠準確反應企業盈利能力。ROA 越高，企業的獲利能力就越強，企業抵抗風險的能力越強，因而 ROA 是判斷企業價值的重要指標。本書將淨資產收益率（ROE）、資產收益率（ROA）作為衡量企業價值的替代變量。基於此，將其帶入模型重新迴歸。表 7-7 列示了模型穩健性檢驗結果。

從表 7-7 列示的檢驗結果來看，綜合報告體系信息披露指數（FHSGE）與資產收益率（ROA）的迴歸係數為 0.008，t 值為 4.088，在 0.01 的水準下顯著。財務信息披露指數（AbsDA）作為逆向指標對資產收益率（ROA）的迴歸係數為-0.122，t 值為-2.489，在 0.05 水準上顯著。而環境信息披露指數（ERI）、公司治理信息披露指數（CGI）、社會關係信息披露指數（SRI）、人力資源信息披露指數（HRI）與資產收益率（ROA）的迴歸係數為正，分別為 0.003、0.008、0.006 和 0.006，但不顯著，在一定程度上驗證了前文實證研究的結果。而綜合報告體系信息披露指數（FHSGE）與淨資產收益率（ROE）的迴歸係數為 1.083，t 值為 3.752，在 0.01 的水準上顯著。財務信息披露指數（AbsDA）作為逆向指標對淨資產收益率（ROE）的迴歸係數為-16.317，t 值為-2.108，在 0.05 的水準上顯著。公司治理信息披露指數（CGI）與淨資產收益率（ROE）的迴歸係數為 1.751，t 值為 1.755，在 0.1 的水準上呈顯著正相關關係。環境信息披露指數（ERI）、社會關係信息披露指數（SRI）、人力資源信息披露指數（HRI）與淨資產收益率（ROE）的迴歸係數為正，分別為 0.187、0.077 和 1.009，表明披露指標體系中的五類信息指標有助於促進企業價值的提升，與前文研究結論一致，從而驗證了假設 H7-1。

表 7-7 穩健性檢驗

| 變量 | DV = ROA 模型一 | DV = ROA 模型二 | DV = ROE 模型一 | DV = ROE 模型二 |
|---|---|---|---|---|
| FHSGE | 0.008*** |  | 1.083*** |  |
|  | (4.088) |  | (3.752) |  |
| AbsDA |  | -0.122** |  | -16.317** |

表7-7(續)

| 變量 | DV = ROA | | DV = ROE | |
|---|---|---|---|---|
| | 模型一 | 模型二 | 模型一 | 模型二 |
| | | (−2.489) | | (−2.108) |
| ERI | | 0.003 | | 0.187 |
| | | (0.597) | | (0.233) |
| CGI | | 0.008 | | 1.751* |
| | | (1.249) | | (1.755) |
| SRI | | 0.006 | | 0.077 |
| | | (1.122) | | (0.090) |
| HRI | | 0.006 | | 1.009 |
| | | (1.035) | | (1.170) |
| Seo | −0.001 | −0.002 | −0.499 | −0.553 |
| | (−0.339) | (−0.447) | (−0.718) | (−0.795) |
| Size | 0.005** | 0.008*** | 1.216*** | 1.599*** |
| | (2.453) | (3.699) | (3.806) | (4.600) |
| Lev | −0.076*** | −0.071*** | −1.466 | −0.972 |
| | (−6.766) | (−6.397) | (−0.83) | (−0.552) |
| Growth | 0.016*** | 0.016** | 2.499*** | 2.438** |
| | (3.573) | (3.477) | (3.530) | (3.455) |
| Cash | 0.277*** | 0.266*** | 41.347*** | 39.963*** |
| | (13.675) | (13.002) | (12.979) | (12.339) |
| Age | 0.001** | 0.001** | 0.118** | 0.139** |
| | (2.891) | (3.316) | (2.231) | (2.626) |
| Shrcr | 0.029** | 0.028** | 5.432** | 5.352** |
| | (2.372) | (2.308) | (2.780) | (2.742) |
| Exrt | 0.044** | 0.048*** | 5.503** | 5.992** |
| | (2.944) | (3.234) | (2.358) | (2.571) |
| Ndrct | −0.002 | −0.002 | −0.284 | −0.300 |

表7-7(續)

| 變量 | DV＝ROA 模型一 | DV＝ROA 模型二 | DV＝ROE 模型一 | DV＝ROE 模型二 |
|---|---|---|---|---|
|  | (－1.151) | (－1.242) | (－1.336) | (－1.413) |
| Idrt | －0.032 | －0.039 | －4.572 | －5.193 |
|  | (－0.861) | (－1.058) | (－0.790) | (－0.890) |
| Dual | －0.004 | －0.005 | －0.776 | －0.836 |
|  | (－1.058) | (－1.245) | (－1.191) | (－1.284) |
| Constant | －0.073 | －0.122** | －23.720*** | －29.350*** |
|  | (－1.585) | (－2.398) | (－3.289) | (－3.649) |
| n | 1,581 | 1,581 | 1,581 | 1,581 |
| Adj R2 | 0.386 | 0.400 | 0.321 | 0.328 |

## 7.6 研究結論

當前，建立一個統一的高質量綜合報告框架得到了世界各國的重視，國內外學者對構建企業綜合報告制度進行了理論探索，對企業綜合報告的框架、實現路徑等進行了研究。但由於企業綜合報告是一個仍處於起步探索階段的研究課題，發布全面完整的綜合報告對於大多數企業來說較為困難，所以本書試圖通過綜合報告整體框架中核心指標體系的構建研究來為中國企業引進和採用綜合報告給出建議。在上一章的基礎上，筆者對本書構建的指標框架進行有效性檢驗，認為企業綜合報告指標體系的發布，特別是各個維度信息的披露以及五個維度整合後的信息披露勢必會在降低企業與利益相關者的信息不對稱、提高企業價值等方面發揮積極功效。

本章選取中國滬深兩地2013—2015年A股上市公司作為研究對象，鑒於本書構建的綜合報告指標體系中的大部分非財務指標目前只有工業企業才會披露，為使得樣本更具典型性，本書選取了環境污染較為嚴重的採掘業和製造業，以及較早進行社會責任信息披露的電力行業，最終確定用於實證分析的公司為527家，樣本觀察值為1,581個。本章的實證模型選取TobinQ作為被解釋變量，用以度量公司價值；選用前文構建的綜合報告披露體系中的財務信息、

人力資源信息、社會關係信息、公司治理信息、環境信息五個維度的信息披露指數構建了綜合報告體系信息披露指數，作為解釋變量；選取公司規模、資產負債率、企業性質、股權集中度、高管持股比例、董事會規模、獨立董事比例、兩職兼任、企業年齡、經營現金流等指標作為控制變量，進行迴歸分析。結果發現，指標體系中五個維度信息披露指數與企業價值為顯著相關關係，即五個維度的指標信息披露越充分、質量越高，對企業價值的提升效果越明顯。同時，五個維度信息整合程度越高，意味著綜合報告指標體系披露質量越好，即整合指標信息較單維信息更為正向顯著，其所反應的信息比某一維度反應的信息具有更高的價值相關性，從而能為外部投資者提供更多企業內部信息，降低信息不對稱程度和交易費用，能更有效地提升企業價值，也在一定程度上說明了構建中國企業綜合報告指標體系的有效性和必要性，對中國企業報告體系的改革具有較大參考價值。

# 8　中國實施企業綜合報告的對策建議

　　上一章中企業綜合報告指標體系的有效性檢驗為中國企業分步實施企業綜合報告的發展進程提供了決策依據，這與中國 2016 年頒布的「十三五」規劃綱要提出的綠色、創新、可持續發展的主旋律不謀而合。因而，中國企業不僅應該在生產技術上走可持續發展的道路，隨著大眾對企業的可持續發展要求和非財務信息披露的呼聲越來越高，企業在信息披露方式上也需要進行符合可持續發展理念的創新改革。

　　就中國國情而言，大部分企業在對外披露企業信息時採用的是財務報告模式，然而一些走在前列的企業開始公布自身的非財務信息，例如發布環境報告、社會責任報告、可持續發展報告等非財務信息。但是，從目前的狀況來看，各種報告均為獨立報告，或者僅在財務報告附錄中點到即止，各個獨立報告內容繁雜、信息冗餘的情況屢見不鮮。這大大增加了企業信息的使用者或者利益相關者的閱讀和理解困難，從而提高了從獨立報告中提取有效信息的難度，而且企業編製報告的成本也大大增加。

　　因此中國在探索國際綜合報告框架的進程中，最有效的途徑應該是先行架起一座信息橋樑，即中國綜合報告指標體系框架。它既可以為企業進行整合信息披露節省成本，又能滿足投資者獲得真實全面的企業信息資料的需求，實現共贏。這是一項系統工程，不僅需要從技術層面獲取支持，還需要政府制定相應的激勵或監管等保障措施，需要企業配合優化綜合報告指標體系的輸出模式，也需要企業信息使用者（利益相關者）發揮自身應有的監督作用，更需要媒體引導社會輿論，營造良好輿論氣氛。

　　因而，本章提出的實施對策建議將從政府、企業和利益相關者三個角度展開。

## 8.1 政府角度

政府負責一個國家各種制度和政策的頂層設計並監督貫徹實施，在政府提出「十三五」綠色經濟發展理念的前提下，中國想要走可持續發展道路，需要引導企業合理利用資源，促進企業持續發展，將企業關注的焦點轉移到可持續發展和社會責任上來，在一定程度上保障企業與利益相關者的信息對稱的同時，需要營造一個良好的氛圍，讓全社會一起督促企業增強社會責任感和實現可持續發展目標。那麼企業實施綜合報告就是一條良好途徑，而建立其中最核心的綜合報告指標體系顯得尤為迫切，政府應該肩負起推動企業信息披露模式變革的重任，同時做好關於企業信息披露的監督工作。對企業信息披露的監督管理需要從行政、民主、輿論、審計、司法與社會等方面，形成一個全方位統一的監督體系，這是一個循序漸進的過程。

從日本企業的實踐經驗來看，僅依靠利益相關者的監督或者企業的自覺性，將很難快速推進綜合報告實踐進程。在沒有政府強制要求的情況下，那些不自願發布綜合報告的企業可能存在更加嚴重的經營波動性等問題。這些問題的存在可能將導致其粉飾經營業績，不願全面披露信息，從而進一步加大其經營波動性，進入惡性循環。因此在綜合報告實踐過程中，政府要對企業進行適當引導，做好相關制度實施及監督工作。本節主要從政府引導實施綜合報告制度、建立相關法律法規、加強綜合報告制度建設以及實施監管等角度出發，給出一些建議。

### 8.1.1 鼓勵學術界進行綜合報告研究

對於企業綜合報告，各個國家均處於一個剛起步的階段，學術界對這個領域的理論研究也在探索當中，企業綜合報告在理論研究和實踐試點上都是比較新的領域。本書也僅僅是在國內外已有研究基礎上，針對中國目前國情，建立了一個綜合報告指標體系框架，包含五個維度35個核心指標，但對於整個綜合報告的研究和實踐的發展來說還遠遠不夠。為貫徹中國2016年發布的「十三五」規劃綱要，政府應該鼓勵學術界對國際上已有的綜合報告模式進行深入研究，從理論上論證中國實施的必要性和可行性。由於綜合報告涉及企業的財務、環境、戰略、治理、可持續發展等方方面面的信息，其本身就依賴各種各樣的理論體系和研究方法。

首先，需要政府部門牽頭，聯合會計協會和高校研究所等相關部門成立綜合報告課題研究小組，開展綜合報告理論研究。一是從企業信息報告的披露者、使用者、利益相關者等多角度論證實施綜合報告的必要性和可行性，比如企業披露綜合信息的程度、成本、是否涉及商業機密，綜合報告使用者的使用效率等。二是研究綜合報告模式中非財務信息的計量方法或者公認的計量體系，由於有些非財務信息（比如公司高管的素質）難於量化，為避免主觀性對企業的不確定影響，需要在客觀上創建一套類似於會計準則的中國綜合報告準則體系。三是研究綜合報告監管體系，企業綜合報告與單純的財務報告不同，因而需要研究新的監管體系以對企業的信息披露進行適度監管。

其次，吸收國外經驗，加強國際交流。由於綜合報告的理論和實踐都剛剛興起，各國的理論研究均處於同一起跑點，中國政府部門應該鼓勵學術界和企業多「走出去」，與國際上已經實施該模式的國家或地區交流，密切關注國際理論界關於綜合報告模式的最新發展，將最新的研究成果和理論基礎「帶回來」，並結合中國具體國情對綜合報告理論做進一步修正。政府還可以鼓勵學者積極建立關於綜合報告研究的交流平臺，通過舉辦學術交流會議等，促使中國學者參與綜合報告模式前沿理論的交流討論，以提高中國學者對綜合報告模式的研究水準，引導學術界完善對企業綜合報告模式的研究和對企業實踐的指導。同時，中國學者參與國際企業綜合報告信息披露模式理論體系研究，在國際綜合報告模式的相關制度或公認規則的制定過程中，能夠根據中國具體國情表達各方的訴求，維護各方應有的利益。

### 8.1.2　組織開展企業綜合報告試點

1. 理論研究應該與實踐同步，先鼓勵一部分企業自願參與編製綜合報告指標體系及綜合報告研究

因為理論研究的目的是為實踐服務，更好地指導實踐。但是，由於綜合報告是一項全新的、綜合性較強的制度，政府政策制定不可能一蹴而就，不論企業還是利益相關者都需要一個適應期與緩和期。因此，政府財政部門可以積極協調央行、證監會、銀保監會、環保部等部門，先鼓勵一部分企業自願參與編製綜合報告指標體系及綜合報告模式研究，同時確定試點計劃，由點及面，逐步展開試點。近年來，中國一些企業逐漸開始自願發布諸如社會責任報告、環境報告等獨立的非財務報告信息，這些企業顯然意識到了自身與利益相關者之間的信息溝通不足，因此開始發布非財務信息，以提高自身信息披露質量。這為中國政府部門引導實施綜合報告模式提供了一定的意識基礎。2010年成立

的國際綜合報告委員會（IIRC）一直致力於將綜合報告理念和具體做法融入經濟實務中。2013年，國際綜合報告委員會（IIRC）正式頒發《國際綜合報告框架徵求意見稿》，指出綜合報告應包含企業概述和外部環境、績效、商業模式、戰略和資源配置、前景展望、風險和機遇、治理、編製和列報基礎等八個內容元素[①]。中國可以參考相關框架，結合中國實際情況，開展建立健全綜合報告指標體系實施制度及與綜合報告模式結合的研究工作，提出方案及建議。

2. 積極穩妥開展試點工作

試點企業應是自願參加與重點選擇相結合，可以先選擇對環境友好程度比較低或者大眾對其履行社會責任關注度高的國有大企業，比如與石油石化、火力發電、煉鋼等相關的企業。同時，考慮到企業自身對綜合報告的認識以及企業現有各項指標的披露情況，可以選擇第七章實證部分的採掘、製造等污染較高行業以及較早進行社會責任信息披露的電力行業樣本企業作為試點企業。一是，對於這些企業而言，社會公眾對其關注度較高，其積極參與到綜合報告的試點工作中來，是其承擔社會責任的一個佐證，也能在社會中產生良好的影響，從而帶動其他企業關注並參與到綜合報告實踐中。二是，本書第七章實證研究結果表明，綜合報告指標體系的發布，將財務信息和非財務信息有機整合到了綜合報告體系中，能夠有效降低企業與利益相關者之間的信息不對稱程度，提升企業短中長期的價值創造能力，從而增加企業價值。三是，這些企業對信息披露的認識較一般企業更加深入，也更能體會和重視利益相關者對綜合信息的需求。因此，這些企業更適合作為中國綜合報告試點的先行企業。

3. 建立試點企業優惠政策

政府相關監管部門應對試點企業建立綜合報告指標體系及發布綜合報告模式給予必要的保障措施。一是建立獎勵基金制度，設立綜合報告責任籌集基金，取之於企業，用之於參與發布綜合報告模式試點的企業，每年可對參與試點企業評出一、二、三等獎，給予基金重獎，以調動優先編製綜合報告指標體系及開展綜合報告模式試點企業的積極性。二是落實科研經費。財政部等應積極向國家有關部門申請科研經費項目，以保證綜合報告項目研究所需經費；國家應將綜合報告課題經費納入每年財政預算，定期向綜合報告課題研究小組劃撥，以保證試點任務的完成。三是制定宣傳扶持政策。對試點工作搞得好，每

---

[①] 國際綜合報告委員會（IIRC）. 國際綜合報告框架（中文版）[R/OL]. [2014-04-13]. http://www.theiirc.org/wp-content/uploads/2014/04/13-12-08-THE-INTERNATIONAL-IR-FRAMEWORK-CS.pdf.

年按時公布企業財務指標信息、人力資源指標信息、公司治理指標信息、社會關係指標信息及環境指標信息的企業，要以綜合報告課題研究小組名義發文通報表揚。

4. 試點中值得注意的問題

長遠來看，在綜合報告模式推行過程中，初期是小範圍編製綜合報告指標體系的試點，之後會出現一段編製綜合報告指標體系與財務報告模式並存的「過渡期」。此時政府應及時指導，同時結合實際情況最終達到編製綜合報告指標體系成為綜合報告的核心部分最後取締財務報告的效果。根據《國際綜合報告框架》的建議，在過渡階段，可以以自願發布為原則，同時採取國際綜合報告委員會制定的「要麼遵守，不遵守就解釋原因」的方式施行[1]。這樣既在企業中推廣了綜合報告模式，又讓企業有機會表達自身訴求和反饋的途徑，這對於後期完善綜合報告體系和指標建設非常重要。

綜合報告指標體系及綜合報告的試點工作，對於中國推進綜合報告是十分必要的。其有助於理論界和實務界共同探索和累積信息披露的有效辦法，對完善綜合報告體系和指標建設甚至建立綜合報告監管體系都有好處。

### 8.1.3 加快企業綜合報告制度的立法建設

從本書借鑑的國際經驗來看，在實施綜合報告模式的過程中，政府相關的法律法規等制度保障在整個過程中不可或缺。比如南非政府的強制性規定[2]，保障了綜合報告模式在南非的初步發展；再比如日本政府鼓勵企業實施綜合報告，在一定程度上促進了日本企業與利益相關者之間的信息交流。中國由於綜合報告實踐暫未興起，因此暫不涉及綜合報告的法律建設層面。但是中國目前有與環境保護、企業治理、內部控制、企業社會責任等企業非財務信息相關的規章制度。這些規章制度只能片面保障企業信息披露的需求，比如環境保護方面的法律法規只要求企業的排污達標，並不能滿足日益全面而綜合的企業信息披露需求。

---

[1] 國際綜合報告委員會（IIRC）. 國際綜合報告框架（中文版）[R/OL]. [2014-04-13]. http://www.theiirc.org/wp-content/uploads/2014/04/13-12-08-THE-INTERNATIONAL-IR-FRAMEWORK-CS.pdf.

[2] 轉引自李瓊娟. 綜合報告：CRS報告的新趨勢[J]. 現代經濟信息，2012（20）：2009年9月，南美綜合報告委員會（簡稱RICSA）發布了《南非公司治理金規則》（King Code of Governance of South Africa, King III）和《南非公司治理金報告》（King Report on Governance of South Africa），其中規定：「董事會不僅僅對公司的財務底線負責，而且對公司營運所遵守的經濟、社會和環境三原則負責，由此得出結論，董事會應該發布經濟、社會和環境業績的整合報告。」

從這個角度講，政府需要在法律法規制度保障方面做兩件事。第一，結合理論研究和前期試點工作，逐步建立關於綜合報告的專有法律法規制度，這是保障綜合報告大規模規範實施的基本要求。同時，明確規定企業綜合報告信息披露的權利義務，明確企業綜合報告的監管體系，建立中國綜合報告框架獎勵基金制度。這樣可以保證企業實施綜合報告試點有法可依，避免讓不法分子鑽漏洞，維護社會公平。第二，在建立綜合報告專有法律法規制度的同時，兼顧現有關於企業財務報告以及環境保護、企業社會責任等非財務報告的法律法規。在這個過程中，應該注意與上位法以及現有相關法律法規保持統一，避免因為不同法律之間相互抵觸或者越權而出現衝突，損害法律法規的嚴肅性和合理性。

### 8.1.4 制定企業綜合報告制度框架和披露指引

通過積極試點，在累積了一定的經驗之後，為規範企業的計量和報告行為，保證綜合報告信息質量，政府可以嘗試主導構建適合於中國現階段的中國企業綜合報告框架，包括綜合報告形式、不同類型企業發布綜合報告時需要披露的相關指標等內容。到目前為止，國際上還沒有國家或地區形成相對成熟的綜合報告體系框架。國際綜合報告委員會（IIRC）2013年雖然發布了《國際綜合報告框架徵求意見稿》[1]，但是也處於探索當中，對中國構建綜合報告框架具有一定程度的參考價值，但這還遠遠不夠。中國綜合報告框架的構建需要政府主導，企業、監管機構、會計行業、投資者以及其他利益相關組織共同參與。其構建既要考慮投資者及其他利益相關者接收到的企業信息的全面性，保證企業綜合報告的完整性、準確性、綜合性和簡潔性，又要權衡企業的商業機密與所披露信息之間的界限，避免企業的商業機密曝光，還要研究如何構建與企業綜合報告相匹配的相關制度和監管體系。

本書第五、六章通過專家問卷和層次分析法等方式初步討論了適用於中國的企業綜合報告框架指標體系，確定了以財務信息、環境信息、人力資源信息、社會關係信息和公司治理信息五個維度為基礎的綜合報告指標體系以及各二級指標之間的權重分配。在整個問卷發布過程中，本書始終從企業與其利益相關者雙重角度展開調查，因此本書構建的綜合報告體系是在保證企業信息披露質量的前提下，在一定程度上維護了企業的商業秘密，使得多方受益，對中國構建綜合報告框架有一定的參考價值。在制定企業綜合報告制度框架和披露

---

[1] International Integrated Reporting Council（IIRC）. 2013. Internationl Frame work.

指引時，可以參考本書第五、六章所構建的綜合報告指標體系，從最為核心的五大維度35個指標出發，根據試點開始的不同階段，按照二級指標的權重高低，分階段逐步制定披露標準和披露指引。

企業發布綜合報告的目的就是向利益相關者闡釋企業如何創造並長期維持價值，及如何承擔社會責任等問題。結合本書第7章，從中國527家樣本企業出發，就本書第5、6章構建的綜合報告框架指標體系的有效性實證研究結論來看，綜合報告指標體系的五大維度的披露質量能夠顯著提升企業價值，其綜合披露程度更能說明這個問題。企業如何創造並長期維持價值即企業的商業模式是企業綜合報告框架編製的焦點。企業創造價值並長期維持價值受到多種要素的影響，除了企業內部因素，如員工、管理層、企業文化等，還會受到外部因素的影響，例如經濟環境、技術進步、社會風氣、自然及社會資源的質量等。因此，中國綜合報告框架的構建必須涵蓋影響企業價值創造和維持的內外部主要因素，以及這些因素之間的聯繫和互動。

政府在前期學者理論研究和部分企業綜合報告試點經驗的基礎上，協同相關監管部門共同研製綜合報告編製準則。只有把綜合報告編製規則定下來，才能在大範圍推廣綜合報告制度的過程中，讓企業的綜合信息披露有一個可操作方向，也能保障綜合報告的規範性和統一性。重點是確定綜合報告編製原則和框架。綜合報告以原則為導向進行編製，關鍵績效指標及計量方法要做統一規定。充分發揚編製人員的主觀能動性，在滿足企業間可比性前提下，允許企業根據自身所在行業特點編製綜合報告，使其有更多的選擇空間。

### 8.1.5 研究建立企業綜合報告監管體系

本書第四章實證研究發現，在樣本企業發布綜合報告之前投資者已經很少依靠財務信息做出相應的決策。這是因為財務信息的價值相對較小，它並不能完全闡釋每股帳面價值和每股收益同股價的內在聯繫，而且這種解釋能力還在逐漸下降；而在樣本企業發布綜合報告之後，投資者更加重視財務信息的完整性和準確性，整合了的財務信息通過每股帳面價值和每股收益的變化能夠很好地闡釋股價的變化原因，這種解釋能力呈現出逐漸上升的趨勢。導致這種現象的原因可能在於大多數企業已經熟悉了財務報告模式，而且單純的財務報告模式主要由財務數據構成，很容易繞過監管進行數據粉飾。而企業綜合報告是一種全新的企業披露信息的方式，就如本書構建的綜合報告框架指標體系一樣，它有機整合了財務與非財務五大維度信息，其本身各個維度之間的鉤稽關係在一定程度上就能相互印證彼此信息的真實性，企業本身很難對綜合信息進行全

面造假。

　　首先，由於綜合報告涉及企業的財務、環境、人力、社會等諸多方面的指標和信息，企業自身內部應建立一系列完整規範的內部監控規則，使得各部門之間、員工和管理層之間相互監督、相互制衡；充分利用監事會、內部審計等機構或者組織的職能，對綜合報告當中企業信息內容的準確性和完整性進行事前監督，同時明確對於事後錯誤的責任承擔機制。企業內部監管是企業信息披露的第一道監控措施。

　　其次，推動外部審計機構拓展新的業務領域，對於審核企業披露信息的外部獨立審計機構，如何對綜合報告中各個指標數據的真實性、準確性、完整性進行鑑別，跟審計財務報告必須依據一套公認的會計準則作為鑑別的標準才能評鑑所審計的財務報告與公認的會計準則之間的相符程度一樣，對企業綜合報告的審計也需要有一套明確的報告標準作為依據。而這個標準需要政府主導，企業協同外部審計機構等相關部門共同參與，吸取國際綜合報告委員會的經驗，並結合中國企業實際狀況來制定。

　　再次，其他利益相關部門，比如環保部門、行業協會、投資者、新聞媒體等，在利用企業發布的綜合報告信息時，應及時監督企業發布規範的綜合報告，對於報告中的錯誤或者不規範之處，應及時向企業和其他相關監管部門反應，督促企業做出說明和更正。特別是新聞媒體，更應該積極引導輿論，在社會上營造出良好的監督氛圍。

　　最後，政府應構建統一的監管體制，因為政府部門中除了稅務部門負責對企業信息披露的監督外，審計、財政、央行、證監會等多個部門對企業均具有行政監督權，為避免分工混亂、多頭監管以及相互推卸責任和行政資源浪費，政府應建立相應的監管機制，使得各部門協調合作，相互溝通，及時反饋和調整，明確責任和權利範圍。

## 8.2　企業角度

　　本書第四章對於日本企業綜合報告的實證研究表明，企業發布綜合報告能夠全面真實有效地對外界披露其信息，通過披露企業綜合信息不斷增強企業財務和非財務信息與投資者接收信息的一致性，從而提升其對公司股價的解釋力度，顯著降低企業與投資者之間的信息不對稱程度，有效輔助投資者進行投資決策。第七章對本書構建的綜合報告框架指標體系的有效性驗證的結論表明，

本書所構建的綜合報告指標體系五維度的信息披露質量均對企業價值存在顯著正向的影響，且綜合報告的整合指標信息披露較單維信息更為正向顯著，即綜合報告所反應的信息比某一維度反應的信息具有更高的價值相關性，從而能為外部投資者提供更多企業內部信息，降低信息不對稱程度和交易費用，能更有效地提升企業價值。因此無論從企業本身價值考慮還是從方便投資者等利益相關者使用企業報告的角度出發，構建綜合報告指標體系對於企業而言是非常必要的。

從本書參考的日本企業實施綜合報告的情況以及本書選取中國上市公司數據做的關於綜合報告有效性實證研究結論來看，企業有必要正確認識綜合報告全面、真實、準確、有效的核心價值，只有這樣，企業才能由內而外真正積極參與綜合報告實踐。綜合報告能夠更全面地展現企業的綜合價值信息，在國際上也是一種嶄新的信息披露模式，中國企業在探索綜合報告編報的過程中，幾乎找不到成熟的編製模板，建議企業在實施中國綜合報告框架前，最有效的途徑應是先行建立中國綜合報告指標體系框架，累積綜合報告編報經驗。這樣既可以為企業進行全面的信息披露發揮作用，節省成本，又能為投資者提供真實全面的企業信息資料。企業在借鑑國際經驗的基礎上，積極尋求政府和理論界的幫助，樹立綜合性信息思維，將戰略重點轉移到可持續發展和社會責任上來，主動加入國際綜合報告委員會特別是中國政府開展的試點工作中。因有政府建立的中國綜合報告框架基金做保證，企業不僅能累積綜合報告編報經驗，鍛煉管理隊伍，還能節約成本。在實施綜合報告的過程中，企業需要參與到政府相關平臺組織的各種研討會或者行業協會之類的其他交流活動中，及時向政府反饋編製綜合報告過程中遇到的一切障礙，當綜合報告中某些指標可能透露企業的商業機密或者與企業謀求的正當利益衝突時，企業應準確表達合理的利益訴求。在政府綜合報告全面推廣時，企業應結合政府制定的綜合報告披露準則，建立綜合信息指標管理系統，完善企業內部控制體系，有效利用現代化信息技術提升信息披露效率和效果。企業還需要及時與其他利益相關者進行有效溝通，重視利益相關者的監督。

### 8.2.1　樹立綜合性信息思維

從內部來看，企業應建立全面綜合的大局觀念，正確認識綜合報告的核心價值和目標作用。現代企業已經不能像過去的企業那樣，只以利潤最大化為目標，而是需要將可持續發展、社會責任、企業治理等納入企業經營目標進行綜合考慮。如何將這些目標統籌起來，企業需要綜合考慮各種因素。國際綜合報

告委員會也提出企業應該具備整合思維，即企業對其各個營運部門與其所利用或影響的資本之間的關係的考量①。隨著企業將綜合思維越來越多地帶入企業經營活動中，由於信息連通性，自然需要將這種綜合性思維帶入企業信息披露當中。樹立綜合性信息思維，能更有效率地集成信息系統，以便對企業內外部溝通予以支持，而企業內外部溝通最重要的形式就是優先建立綜合報告指標體系，逐步走向綜合報告模式。

從外部來看，企業股東作為出資者，承擔了企業經營的大部分風險，而且對企業擁有剩餘索取權，因此企業以股東利益或者企業市場價值最大化為第一目標，甚至唯一目標②。企業戰略也是圍繞企業價值最大化展開，因而企業選擇發布財務報告模式來與利益相關者保持必要的信息溝通。利益相關者，尤其是投資者會將財務報告作為投資決策的首要根據，這顯然不能幫助利益相關者全面考察一個企業。隨著企業和社會的發展，一方面，如前文所述，單純的財務報告信息對於公司價值的解釋能力逐年下降，利益相關者越來越重視非財務報告表達的信息，非財務信息的內容能夠協助利益相關者進一步解讀企業的真實價值狀況；另一方面，中國的經濟已經發展到一定程度，社會和大眾越來越關注企業的可持續發展能力和企業對社會責任的承擔。一個企業想要走得遠，必須關注國家的重點戰略規劃。中國「十三五」規劃已經確定了未來五年的戰略發展方向，即綠色發展③。因此，首先，企業需要將自身發展的戰略重點從單純的股東利益最大化或者市場價值最大化逐漸轉移到企業可持續發展和肩負社會責任上來。這需要企業股東和領導層甚至全體員工達成共識，現代企業的目標不能僅僅局限於為增加企業市場價值，增加股東收益，而是要緊密結合國家發展戰略，承擔應有的社會責任。其次，戰略重點轉移之後，需要將其體現在企業實際運作當中，並且通過綜合報告適當地向利益相關者披露出來。最後，依據相關部門制定的綜合報告框架，詳實規範地披露相關指標信息。

### 8.2.2 積極參與綜合報告改革試點

企業正確認識綜合報告的核心價值對於中國推行綜合報告模式有非常積極的意義。在正確把握綜合報告的核心價值後，企業如何從現有財務報告模式向綜合報告模式改進，將非財務信息與財務信息有機整合到綜合報告中仍然是一

---

① 喬元芳. 新國際綜合報告框架簡介 [J]. 新會計，2013（9）.
② 荆新，王化成，劉俊彥. 財務管理學 [M]. 北京：中國人民大學出版社，2012：5-8.
③ 國務院. 中華人民共和國國民經濟和社會發展第十三個五年規劃綱要 [EB/OL]. [2016-03-17] http://www.gov.cn/xinwen/2016-03/17/content_5054992.htm.

項不小的挑戰。由於現階段中國理論界和實務界均沒有一個成熟的綜合報告披露格式和模型，因此需要建立鼓勵機制，引導企業積極參加全國或行業的綜合報告指標體系框架以及綜合報告模式的試點工作。企業試點涉及企業管理的方方面面，要多管齊下形成合力，落實專人專管，積極嘗試。

在進行改革試點過程中，企業內部應該建立信息指標管理系統。企業的財務部門僅有財務相關信息，單獨的財務部沒辦法完成企業綜合報告的編製，因此具體編製過程中需要企業內部其他部門與財務部門團結互助、積極配合，共同編製綜合報告。在有必要的情況下，可以單獨設置一個由高層領導負責、各職能部門協同合作的綜合報告編製小組或者綜合報告編製部門，有效整合企業內部資源，合理分工，明確責任和權限。各職能部門積極參與，發揚現有優勢，認真做好本職工作，以確保試點項目編製綜合報告的真實性、完整性和精確性。

由於傳統習慣，企業財務信息的披露已經有完善而標準的模式，而非財務信息部分目前各個企業的披露指標參差不齊，披露方式也不盡一致。比如，有的企業只公布了財務報告，有的企業還獨立公布了環境發展報告、社會責任報告等，有的企業只是在財務報告附錄中簡單提及一些關於環境、社會責任、公司治理等的非財務信息。部分企業具備成熟的財務報告信息的指標管理系統，而幾乎沒有企業具備非財務信息的指標管理系統。這就需要企業根據政府相關部門的綜合報告試點要求，結合自身情況，自主構建綜合信息指標管理系統。企業在建立綜合信息指標管理系統過程中，首先，企業高層領導分析確定企業的整體戰略佈局，可以以本書第五、六章所構建的綜合報告框架指標體系五個維度35個核心指標為基礎，結合自身行業特點以及國家規定的相關信息披露要求和標準，初步篩選企業綜合信息指標；其中，財務信息部分可採用現有指標管理系統中的數據，非財務信息部分參照本書構建的綜合報告指標體系來構建新的綜合報告指標管理系統。其次，篩選出企業綜合信息指標後，不能隨意羅列，需要研討各個指標之間的聯繫，特別是財務與非財務信息之間的互動關係，在確定各指標權重的時候可以參考本書綜合報告指標體系中各指標的細分權重。最後，根據企業發展目標和利益相關者的需要隨時調整綜合指標體系。

企業綜合報告模式正處於探索試點階段，企業自願披露綜合報告不僅展現出企業的可持續發展戰略，還體現出企業的社會責任感，同時，在與利益相關者溝通時可以占據主動權，從側面改善了企業的形象，提升了企業的核心競爭力。而且對企業而言，越早建立綜合信息指標管理系統，就能越快適應未來企業與利益相關者的信息交流。尤其是在政府相關部門研製綜合報告披露準則

時，越早完善綜合信息指標管理系統的企業越有話語權，能夠將自身訴求及時反饋給規則制定者，代表企業自己甚至代表一個行業發聲，保護企業應有的利益。

### 8.2.3　完善企業內部控制體系

本書第五、六章構建的綜合報告指標體系涉及了企業財務、環境、社會關係、人力資源、公司治理五大方面的信息，企業在披露綜合報告相關指標的過程中如何把這些信息準確地有機整合，如何確保信息的真實可靠是企業需要思考的問題，即在採用綜合報告進行信息披露的過程中需要重新考慮企業內部控制問題。發布綜合報告需要企業各部門協同合作，相比發布財務報告，需要更多企業內部組織或者部門投入時間和精力去完成。因此，企業需要完善內部控制體系，使得眾多部門在合作編製綜合報告的過程中相互監督、相互檢查、環環相扣。

具體而言應做好以下幾點：

第一，加強董事會建設。企業要發揮董事會保護企業各個利益相關者的合理權益的作用，使董事會站在各方的角度綜合考慮企業信息披露的問題。同時企業應增強管理層的綜合素養，不只包括職業技能，更重要的是道德素養和職業操守。另外董事會和管理層還需要在企業內部塑造符合企業發展戰略的健康向上的企業文化，以及建立一個能夠使企業內部信息良好傳遞的平臺。

第二，提高內部控制效果的關鍵在於環境控制和風險評估。企業應該隨時留意內外部經濟環境的變動，因為內外部經濟環境變化會帶來不同的風險，這時候企業應強化內部管理。在編製綜合報告過程中，外部環境的改變需要企業綜合報告的側重點同步做出相應的改變，來應對不同時期、不同環境下，利益相關者對企業信息不同指標的決策需要。

第三，對關鍵控制點設置控制活動。通常來講，控制活動由政策和程序兩部分組成，政策規定各職能部門應該怎麼做，程序是執行政策產生的效果。企業針對管理中的關鍵控制點來制定控制活動時，在每個關鍵控制點需要注意合理授權與審核。就編製綜合報告而言，每一項指標的確定均需要有合理的授權與審核才能高效率完成。

第四，增強企業內部監督力量。內部控制主要是監督企業各項業務流程以及信息發布的可靠性和真實性，如果要保障內部控制制度被嚴格執行且運行效果不錯，那麼內部控制制度自身也必須得到應有的監督。對內部控制的監督主要有兩個常用的方法：一是通過內部審計，內部控制本來就包含內部審計，但

內部審計同時還有監督內部控制其他環節的重要職能；二是內部控制的自我評價，即定期或不定期評價企業現有的內部控制制度，遇到問題及時解決，便於更有效地進行內部控制。

第五，保證信息披露質量。作為信息的發布者，為保證企業信息披露足夠充分，至少讓利益相關者足以判斷企業的真實狀況，企業需要傾聽利益相關者的建議和訴求，讓利益相關者參與企業綜合報告的編製。企業可以採取企業開放日、邀請利益相關者參加企業信息披露相關會議等形式，加深企業與利益相關者的相互瞭解，企業能從利益相關者那裡瞭解到他們所需要的決策信息，利益相關者也能對企業的戰略方向、發展理念有一個深刻的認識。特別是在企業綜合報告發布之後，需要在利益相關者和企業之間建立一個能夠隨時反饋和溝通的橋樑，這樣企業可以根據利益相關者在不同時期關注企業的不同重點來及時調整綜合報告指標體系和綜合報告模式內容。

### 8.2.4　有效利用現代化信息技術升級（XBRL）

從本書第五、六章構建的綜合報告指標體系來看，五維度35個核心指標中，財務信息占了10個指標（財務整體權重為34.1%），餘下25個核心指標（權重占比65.9%）均為非財務類指標。而現有財務報告模式對於財務信息的計量和量化都有成熟的數據結構和理論支撐，而對於非財務類信息的計量和量化與財務信息還存在很大的差距。因此，在信息時代，企業必須有效利用現代化信息技術優勢輔助進行信息披露。比如XBRL（可擴展商業報告語言，Extensible Business Reporting Language）是基於互聯網技術，生產和傳遞商業信息的計算機標準語言[①]。它提供了一種數據跨平臺傳遞的途徑，將企業披露的信息由靜態變革為動態。企業綜合報告涵蓋了多個部門多種類別的信息，而XBRL自帶不同的分類標準，不僅能編譯數據化的財務信息，還能編譯非數據化的非財務信息。將這門技術運用到綜合報告的編製中來，對企業信息使用者而言就好比擁有了一本字典，因為一旦用XBRL制訂了信息分類的標準，且保持不變的狀態下，信息使用者通過自助查詢或者改編就能得到不同企業、不同時間、不同指標類別、不同輸出格式的各種綜合信息。XBRL還可以請求數據法案提高信息透明度，通過將數據信息標準化，在一定程度上降低監管難度。同時，XBRL可採用即時同步數據方法，即一個數據改變後，與之相關的數據

---

① 杜美杰，劉凱，李吉梅.綜合報告與XBRL[J].財務與會計（理財版），2014（6）：41-44.

隨之改變，自動更新數據。XBRL可改善信息之間的連通性，這一特點可以對綜合報告中的數據提供一致的專業術語定義和清晰說明信息之間的關係。本書認為，合理利用XBRL等現代化信息技術，不但可以提高企業編製綜合報告的效率，降低編製成本，而且便於綜合報告使用者的有效信息獲取和監管者的有效監管。

## 8.3 利益相關者角度

綜合報告的使用者主要有投資者、供應商、客戶、會計師事務所、行業協會、當地社區、環保組織、新聞媒體等。參照日本企業綜合報告的實踐經驗，由利益相關者以及企業共同推動企業綜合報告發展，這種推動行為是從企業和利益相關者自身根本利益出發，能夠充分發揮企業和利益相關者的主觀能動性，促進綜合報告的實踐發展。本節建議會計師事務所可以逐步拓展綜合報告鑒定業務，研究綜合報告鑒證專業技術，同時培養綜合報告鑒證專業人才；投資者、供應商和客戶在決策時要求企業提供綜合報告，從中有效提取綜合信息來整體判斷企業的實際狀況；行業協會協助政府相關部門做好綜合報告試點以及在行業內部的推廣工作；當地社區、環保組織、新聞媒體等其他利益相關者充分發揮監督和促進作用，營造一個良好的輿論氛圍，向企業施加一定的社會壓力，促使企業建立綜合報告指標體系，逐步用綜合報告模式向公眾披露信息。

### 8.3.1 會計師事務所

隨著企業信息披露方式的不斷變化，綜合報告越來越受到重視，這是全球企業信息報告發展的一大趨勢。一方面，企業發布的報告，不論是現在的財務報告還是我們未來提倡的綜合報告，其可靠性和真實性首先要得到保障才能長遠發展，具備高可信度的信息披露模式對減輕企業和利益相關者之間的信息不對稱程度才有意義。另一方面，對企業的綜合報告進行獨立鑒定、出具專業意見的會計師事務所也需要緊跟國際發展前沿，拓展從業視野，開創新的業務空間。

首先，趁著國際上對綜合報告這一新領域的理論研究尚不成熟、實踐更是處於初始階段，會計師事務所作為企業信息披露的專業鑒定機構，是企業建立綜合報告指標體系，用綜合報告模式披露信息的直接使用者，應該加緊參與到國際理論和實踐的研究中。從目前形勢來看，國際四大會計師事務所已積極參與到國際綜合報告委員會的理論研究和實踐中，國際綜合報告委員會理事會成

員包括了四大會計師事務所，同時四大會計師事務所也積極參與了國際綜合報告委員會在全球進行綜合報告試點的項目。這對於本土的會計師事務所是一個警醒，作為企業信息審核的專業從業者，本土的會計師事務所應該從專業角度出發，借鑑已有的國際研究和實踐的成果，參與到國際綜合報告委員會的實踐試點當中，嘗試拓展綜合報告鑒定業務，提升專業水準，為中國政府推動綜合報告模式出謀劃策。

其次，會計師事務所對財務信息的鑒定有一定的經驗和方法，但是由於綜合報告當中信息面更加寬泛，包含更多的非財務信息，那麼如何鑒定評價一個企業的非財務信息，如何通過綜合報告對一個企業進行綜合評價，以及信息披露有誤時的責任界定，這些問題都需要會計師事務所開展專業的探討，以避免鑒證風險，保證出具的專業意見的質量和公允性。

最後，會計師事務所還需要思考如何培養從業人員的非財務信息鑒定和綜合評價的專業技能，為未來對綜合報告的鑒證儲備專業人才。專業人才儲備的建立，不僅可以大大提高事務所對綜合報告鑒定的可靠性和權威性，還能幫助企業從財務報告模式向綜合報告模式轉型以及對企業綜合報告編製相關部門人員提供專業培訓。甚至有的企業的綜合報告數據可以由專業仲介機構來披露，以減輕企業負擔，降低成本，增強信息的可比性和透明度。

### 8.3.2 行業協會

行業協會作為非營利性民間組織機構，是連接政府與企業的紐帶，並在協會會員與政府之間提供服務、諮詢、溝通、監督、協調的平臺。它代表著行業共同的利益。第一，行業協會應該協助政府相關部門做好綜合報告試點以及在行業內部的推廣工作。鼓勵本行業內部會員積極參與建立綜合報告指標體系及綜合報告模式編製試點工作，同時建立行業內企業綜合報告編製發布的交流平臺，促進形成本行業綜合報告的發布規範和統一標準。第二，在推廣綜合報告制度試點過程中，行業協會應及時瞭解利益相關者對本行業企業綜合信息披露的要求，以及企業在編製綜合報告過程中面臨的困難，促進政府、企業及利益相關者多方交流，多方探討如何解決這些具體問題。第三，總結本行業綜合信息披露的共性問題，以便在以後能夠針對本行業綜合信息特點制定本行業綜合報告準則。

### 8.3.3 投資者、供應商、客戶

傳統而言，企業按照相關部門的要求發布財務報告，一般投資者從企業發布的財務報告中提取有效信息來指導投資。企業進行信息披露，其目的之一就

是讓投資者在明確瞭解企業真實狀況的前提下，依據這些信息做出投資決策，而現有的一些企業粉飾財務報告的做法顯然與披露信息的初衷背道而馳。久而久之，財務報告的「含金量」越來越少；相反，一些不好量化的非財務數據逐漸進入人們的視野。這些信息雖然不易量化，但能在一定程度上顯示企業的實際狀況，能夠輔助投資者瞭解企業的真實價值。本書第四章的實證研究也表明，在綜合報告發布以前，日本企業發布的財務信息整體的價值相關性、每股收益和每股帳面價值變化對股價的增量解釋能力，及每股收益和每股帳面價值變化對股價的聯合解釋能力均逐年下降，投資者僅依賴財務信息來決策已經越來越不靠譜。供應商或者客戶既是綜合報告的使用者又是發布者，從使用者角度看，通過綜合報告能夠全面瞭解一個企業，這對於供應商或者客戶選擇合作夥伴是一項必要的參考。

因此，不論是供應商、客戶還是投資者，建議在投資決策或者選擇合作夥伴時，要求企業提供能夠全面反應企業狀況的綜合報告，從中得到所需要的有效決策信息。另外，供應商、客戶以及投資者還應對企業的綜合信息披露做好監督工作，多與企業討論綜合報告的編製、指標建設等問題，當企業的信息披露不滿足決策需求或者披露重點與需求發生偏離時，督促企業修正綜合報告的相關信息披露。

### 8.3.4 當地社區、環保組織、新聞媒體等其他利益相關者

現在一些企業依然不具備環保意識和社會責任感，同時，由於現有法律法規沒有嚴格要求企業進行綜合信息披露，使得一些企業抵制綜合報告指標體系及綜合報告模式。這就需要當地社區、環保組織等利益相關者，充分發揮監督和促進作用，向企業施加一定的社會壓力，促使其建立綜合報告指標體系及以綜合報告模式編製發布信息。此外，當地社區、環保組織等代表著相關利益群體的切實權益，需要將其共同利益需求明確向企業傳達，鼓勵企業全面綜合考慮來自這些利益相關者的聲音。

而新聞媒體則可以發揮自身優勢，加強關於綜合報告實施過程，特別是試點企業實施效果的宣傳力度，引導社會輿論鼓勵企業參與到綜合報告實踐中來，督促企業履行應有的社會責任，幫助企業及利益相關者重新認識綜合報告，增加企業和社會公眾的有效溝通交流機會，讓公眾重新認識和評價企業的社會責任，營造出一個良好的氛圍。公眾輿論對企業可持續發展和社會責任的關注度提高也會促進企業採取綜合報告來自覺披露信息，企業會以此向公眾表達自身不斷增強的可持續發展能力和價值以及更多的對社會責任的承擔。

# 9 研究總結與展望

　　本書從總結企業信息披露的歷史淵源和演進邏輯切入，通過梳理企業綜合報告的理論基礎，例如委託代理理論、社會責任論、利益相關者論、可持續發展理論、系統論等，闡釋了企業為什麼要向公眾報告、企業財務報告和非財務報告以及企業各類信息之間的相互關聯，最終從理論層面論證了企業採用綜合報告這一新型報告模式的必要性。同時，本書借鑑日本企業發布綜合報告的國際經驗，選取 IIRC 官方網站上的 IR Example database-IR reporters 中的 77 家已發布綜合報告的日本企業數據，以及 WRDS-COMPUSTAT-Global 中 132 家未發布綜合報告的日本企業數據，從企業發布綜合報告前後（縱向）檢驗了綜合報告與企業會計信息價值的相關性；以及從企業發布綜合報告與否的橫向角度，比較分析了兩類企業的信息指標差異性和價值創造能力穩定性。本書進而參考國際綜合報告委員會發布的《國際綜合報告框架徵求意見稿》體系以及財務會計概念框架（FASB 概念框架），並總結參考綜合報告先行國家日本等的企業綜合報告實踐的經驗，參考國際國內指南標準及中國重要文獻，整理出有關財務報告及非財務報告的綜合報告統計指標 60 個，參考《國際綜合報告框架徵求意見稿》資本分類標準設置了五個維度；根據構建原則，確定了綜合報告指標體系的五維度 60 指標框架。本書通過科學嚴謹的專家學者問卷調查及信息發布者、使用者問卷調查，用調查篩選法、AHP 層次分析法和專家法，優化了五維度 60 指標框架，嘗試建立了一套適合目前中國企業發展現狀的綜合報告指標體系的五維度 35 指標框架。由於中國企業還未進入綜合報告實踐，筆者只能利用中國滬深兩市 2013—2015 年 527 家 A 股上市公司作為樣本，並經過手工整理其非財務信息，用內容分析法計量企業非財務類信息披露質量，從而對本書構建的綜合報告框架體系進行有效性檢驗。針對中國企業如何利用本書綜合報告指標體系成果實施綜合報告，從政府、企業、利益相關者三個角度提出了相關政策建議。

## 9.1 研究結論

1. 從理論和實證兩方面論證了實施企業綜合報告的必要性

在理論方面，本書首先從委託代理理論角度，說明企業報告的必要性；其次，從社會責任理論的角度來說明企業報告內容要素由過往單一的財務信息向財務信息與非財務信息全方位展開的必要性，具體地，社會責任理論又從可持續發展理論、利益相關者理論、金字塔理論、三重底線理論這四個方面展開；再次，從系統論的角度闡釋企業報告強調信息連通性的必要性；最後，綜合委託代理理論、社會責任理論與系統論的觀點，闡明企業實施綜合報告的必要性。

在實證方面，本書選取了 IIRC 官方網站上的 IR Example database-IR reporters 中的 77 家已發布綜合報告的日本公司數據，以及 WRDS-COMPUSTAT-Global 中 132 家未發布綜合報告的日本企業數據，採用縱向迴歸分析和橫向統計分析的比較方法，研究發布綜合報告這一行為對企業會計信息價值的影響以及發布綜合報告與否的企業各指標之間的差異性比較。實證結果顯示：從縱向來看，在樣本企業發布綜合報告前後，財務信息整體的價值相關性、每股收益和每股帳面價值變化對股價的增量解釋能力，以及每股收益和每股帳面價值變化對股價的聯合解釋能力均由逐年下滑逆轉為上升，說明在樣本企業發布綜合報告之前，投資者對財務信息的決策依賴程度已逐漸下降，這與我們的預期也是一致的，隨著經濟的發展，市場投資者不再滿足於單純的財務信息，非財務信息同樣也會影響到投資者的決策。研究結論表明綜合報告的發布大幅提高了企業信息披露質量，降低了企業與利益相關者之間的信息不對稱程度，從而間接證明了非財務信息對於提高信息披露質量的重要性。而且綜合報告將財務信息與非財務信息有機地整合在了一起，增加了報告的信息含量和質量，信息使用者能夠更準確而全面地瞭解企業真實狀況，有助於投資者做出正確的投資決策。從橫向看，已發布與未發布綜合報告的兩類企業，在經營指標比較上均值差異不大，但經過 F 檢驗發現兩類企業指標的總體方差確實存在差異，相比於未發布綜合報告的企業，已發布企業的經營指標更加穩健，更能體現可持續發展的能力和狀態。因此，日本企業的實踐經驗證明，綜合報告比單純財務報告更科學嚴謹，有必要將此種模式引進到中國的經濟實務中。

2. 針對中國國情，在理論設計的基礎上，利用問卷調查、AHP 層次分析

法及專家法等，構建了適用於中國現階段的綜合報告指標體系框架

　　本書借鑑《國際綜合報告框架》（2013）以及財務會計概念框架（FASB概念框架），並總結參考綜合報告先行國家（日本等）與國際企業綜合報告實踐的經驗，以整合性、相關性、可比性、可靠性、系統性五大原則為導向，以最大化提升企業價值為總目標，通過 AHP 層次分析法和專家法來確定綜合報告指標體系的信息披露維度和每個維度下關鍵的指標項目，從而初步構建綜合報告指標體系框架。本書首先根據中國出台的 4 個非財務報告編寫標準，同時結合國際標準及文獻資料整理得到出現次數靠前的 60 個披露報告指標，然後在專家學者中發布調查問卷，根據專家學者對於綜合報告中不同指標的重要性評價，按重要程度排隊篩選得出五維度 52 個指標進入後續研究；最後將專家學者篩選過的指標體系做成「中國企業綜合報告指標信息使用者及發布者調查問卷」，向與綜合報告模式研究有關的信息發布者及使用者進行問卷調查，通過調查將五維度 52 個指標按重要程度排隊篩選及能否發布優選出五維度 35 個指標。本書最終通過採用 AHP 層次分析法、專家法等確定它們的相對重要性，同時對 35 個二級指標賦權，確定企業可持續發展狀況下企業各指標所占權重，形成優化綜合報告指標體系框架。

　　3. 利用中國滬深兩市 2013—2015 年 A 股上市的 527 家工業企業數據對本書所構建的綜合報告指標體系進行了有效性檢驗

　　本書在國內外眾多研究的基礎上，利用滬深兩市 2013—2015 年 A 股上市的 527 家工業企業數據，通過驗證企業披露綜合信息質量與企業價值相關性，實證檢驗了由優化的五維度 35 個指標體系所構建的綜合報告指標體系對於提升企業價值的有效性。由於中國上市公司幾乎都採取財務報告模式進行信息披露，對於非財務類信息的披露並沒有統一的披露標準和模式，對於人力資源、環境、社會關係和公司治理等分類指標的披露質量信息，均由筆者從上市公司年度報告和社會責任報告、可持續發展報告、環境報告等報告中手工搜集整理，運用內容分析法對企業非財務類信息進行計量，並利用本書所構建的綜合報告體系中各類指標的權重計算得到一個反應企業綜合信息披露質量的綜合披露指數。最終實證結果表明，本書構建的綜合報告指標中財務信息、環境信息、公司治理信息、社會關係信息、人力資源信息五大維度與企業價值均在 0.01 水準下呈現顯著正相關關係，進而說明企業披露綜合報告指標體系中五大維度的指標均對企業價值有顯著正向影響。加入解釋變量綜合報告體系信息綜合披露指數之後，迴歸結果說明綜合報告的整合指標信息披露較單維信息更為正向顯著，即綜合報告所反應的信息比某一維度反應的信息具有更高的價值

相關性，從而為外部投資者提供更多企業內部信息，降低信息不對稱程度和交易費用，能更有效地提升企業價值，也在一定程度上說明了構建中國企業綜合報告指標體系的有效性和必要性，對中國企業報告體系的改革具有較大參考價值。

4. 針對中國國情，基於本書論證的實施綜合報告的必要性以及構建的綜合報告體系框架的價值有效性，從政府、企業、利益相關者三個角度提出政策建議

首先，政府應做好企業綜合報告實施的頂層設計工作，緊跟國際形勢，鼓勵學術界進行綜合報告研究；積極穩妥分步推進企業綜合報告試點工作，選擇重點行業先行開展綜合報告指標體系構建試點，摸索累積相關經驗，理論與實踐同步進行，相互印證；加快企業綜合報告制度的立法建設，建立中國綜合報告框架獎勵基金制度，制定企業綜合報告制度框架和指標披露指引，研究建立企業綜合報告一體化監管體系。

其次，企業首先應用綜合性思維武裝思想，正確認識綜合報告的核心價值，樹立大局觀念，運用綜合思維全面考慮企業生產經營的各個環節，進而將企業戰略重點轉移到可持續發展和社會責任上，同時積極參與國際和中國綜合報告指標體系及綜合報告模式試點工作，結合政府擬定的綜合報告披露準則，建立適合企業自身特點的綜合報告指標管理系統，加強完善企業內部控制體系。企業還可以有效利用現代化信息技術優勢，例如XBRL等，以確保企業綜合信息充分披露，同時多瞭解利益相關者對企業信息披露的需求，重視社會各界對企業的督促和建議。

最後，社會上一些非政府組織以及投資者等利益相關者需要充分發揮監督作用。比如，會計師事務所需要拓展綜合報告鑒定業務，研究綜合報告鑒定專業技術，同時培養綜合報告鑒定專業人才；投資者、供應商和客戶在決策時可以向企業索取綜合報告，以提取有效綜合信息作為決策依據；行業協會應該在行業內大力推進宣傳綜合報告工作，輔助政府相關部門做好綜合報告模式的推廣；當地社區、環保組織、新聞媒體等其他利益相關者可以充分發揮對企業信息披露的監督和促進作用，在全社會營造良好的輿論氛圍，讓企業感受到一定的輿論壓力，促使其發布綜合報告。

## 9.2 研究局限與展望

放眼全球，關於企業綜合報告的研究和實踐在各地都處於萌芽期，本書研

究仍存在以下幾點不足以及可供未來繼續研究的參考方向。

1. 本書數據收集方式存在一定局限性

本書研究綜合報告指標體系框架時，由於人力、物力和財力的限制，在樣框篩選及設計時做了許多簡化處理，不是嚴格意義上的重點調查方式及規範調查問卷；儘管單純從學術上看，樣本已足夠多，但相對於中國複雜的國情，仍顯得比較薄弱，存在一定的缺陷。因而還需在未來研究中改進原始數據搜集調查方式，減少主觀性增加客觀性。研究工作是一項非常嚴謹的工作，為此在今後的研究工作中首先應嚴格按重點調查方式的要求，要突出重點，不能隨機和簡化；其次，這項研究應與抽樣調查方式結合進行，以控制隨機調查誤差。

2. 本書研究的樣本範圍不夠廣泛

本書是筆者歷經三年時間，在導師的精心指導下，閱讀大量文獻、查找大量資料和辛勤調查論證的勞動成果。本書從獨特視角論證了綜合報告在中國實施的必要性和有效性，也初步探索了綜合報告核心部分的指標體系，並進行了初步的驗證。但它建立的基礎樣本範圍較小，距實際操作還有較大局限性，為此還需要進一步在更大範圍、更高平臺上對本書提出的綜合報告指標體系做更深入的探討和研究，力求成果更加符合中國的實際，更容易為企業和利益相關者所接受。

3. 本書雖然對綜合報告的必要性和可行性進行了論證，但研究課題中涉及的大量企業內外部非財務信息還需要進一步整合

綜合報告是一項複雜的系統工程，是前沿社科難題。必須加強合作，攻堅克難。這需要在國家層面加強頂層設計，專題立項研究；還需要企業和社會各方面密切配合；同時需密切關注國際研究動態和成果，結合中國國情深入研究，積極開展綜合報告的試點，在試點中摸索非財務類信息的標準問題，以及建立健全非財務信息原始數據庫以及度量方法，完善措施手段，推動中國綜合報告研究與國際同步。

# 參考文獻

ARNOLD V, COLLIER P A, LEECH S A, et al., 2004. Impact of intelligent decision aids on expert and novice decision-makers' judgments [J]. Accounting & Finance, 44 (1): 1-26.

ASHTON R H, 1976. Cogitive Changes Induced by Accounting Changes: Experimental Evidence on the Functional Fixation Hypothesis [J]. Journal of Accounting Research.

AYRES R U, 2008. Sustainability economics: Where do we stand? [J]. Ecological economics, 67 (2): 281-310.

BALL R, BROWN P, 1968. An empirical evaluation of accounting income numbers [J]. Journal of accounting research: 159-178.

BANERJEE S, HESHMATI A, WIHLBORG C, 1999. The Dynamics Of Capital Structure [J]. Sse/efi Working Paper, 108 (451): 1733-1749.

BEN NACEUR S, NACHI W, 2006. Does the Tunisian accounting reform improve the value relevance of financial information? [J]. Available at SSRN 888922. http://kjs. mof. gov. cn/zhengwuxinxi/kuaijiguanlidongtai/201611/P020161130360745401307. pdf.

BRANWIJCK D, 2012. Corporate Social Responsibility Intellectual Capital Integrated Reporting? [J]. The Proceeding of the European Conference on intellectual capital, (8): 75-85.

BRIAN BALLOU, RYAN J CASEY, JONATHAN GRENIER, et al., 2012. Exploring the strategic Integration of Sustainability Initiatives: Opportunities for Accounting Research [J]. Accounting Horizons, 26: 265-288.

BYOUN S, 2008. How and when do firms adjust their capital structures toward targets? [J]. Journal of Finance, 63 (6): 3069-3096.

CARDINAELS E, 2008. The interplay between cost accounting knowledge and presentation formats in cost-based decision-making [J]. Accounting Organizations & Society, 33 (6): 582-602.

CARROLLA B, 1979. A Three-Dimensional Conceptual Model of Corporate Performance [J]. Academy of Management Review, 4 (4): 497-505.

CHANDRA A, KROVI R, 1999. Representational congruence and information retrieval: Towards an extended model of cognitive fit [J]. Decision Support Systems, 25 (4): 271-288.

CHARIOTTE VILLIERS, 2012. Reporting: an institutionalist approach [J]. Business Strategy and the Environment, 21 (5): 299-316.

Charlotte V, 2014. Integrated Reporting for Sustainable Companies: What to Encourage and What to Avoid [J]. European Company Law, 11 (2): 117-120.

CHERI SPEIER, 2006. The influence of information presentation formats on complex taskdecision-making performance [J]. International Journal of Human-Computer Studies, 8 (22): 1115-1131.

CLP Group, 2012. CLP Group annual report 2012.

COLLINS D W, MAYDEW E L, WEISS I S, 1997. Changes in the value-relevance of earnings and book values over the past forty years [J]. Journal of accounting andeconomics, 24 (1): 39-67. http://kjs.mof.gov.cn/zhengwuxinxi/zhengcefabu/201610/t20161018_ 2437976. html.

COOK D O, TANG T, 2010. Macroeconomic conditions and capital structure adjustment speed [J]. Journal of Corporate Finance, 16 (1): 73-87.

COX P, WICKS P G, 2011. Institutional Interest in Corporate Responsibility: Portfolio Evidence and Ethical Explanation [J]. Journal of Business Ethics, 103 (1): 143-165.

CRISTIANO BUSCO, MARK L FRIGO, PAOLO QUATTRONE, et al., 2013. Redefining Corporate Accountability through Integrated Reporting: What happens when values and value creation meet? [J]. Strategic Finance (8): 33-42.

DENTCHEV, 2004. Corporate Social Performance as a Business Strate [J]. Journal of Business Ethics (55).

DESANCTIS G, JARVENPAA S L, 1989. Graphical presentation of accounting data for financial forecasting: An experimental investigation [J]. Accounting Organizations & Society, 14 (5-6): 509-525.

DHALIWAL D S, LI O Z, TSANG A, et al., 2009. Voluntary Non-Financial

Disclosure and the Cost of Equity Capital: The Case of Corporate Social Responsibility Reporting [J]. Social Science Electronic Publishing, 86 (1): 59-100.

DICKSON G W, DESANCTIS G, MCBRIDE D J, 1986. Understanding the Effectiveness of Computer Graphics for Decision Support: A Cumulative Experimental Approach [J]. Communications of the Acm, 29 (1): 40-47.

DJ WOOD, RE JONES, 1995. Stakeholder mismatching: A theoretical problem in empirical research on corporate social performance [J]. International Journal of Organizational Analysis, 3 (3).

DROBETZ W, WANZENRIED G, 2006. What determines the speed of adjustment to the target capital structure? [J]. Applied Financial Economics, 16 (13): 941-958.

DSM China, 2012. DSM China Integrated Annual Report 2012.

DUNN C, GRABSKI S, 2001. An Investigation of Localization as an Element of Cognitive Fit in Accounting Model Representations [J]. Decision Sciences, 32 (1): 55-94.

DYE R A, 1988. Earnings management in an overlapping generations model [J]. Journal of Accounting research: 195-235.

EASTON P D, 1985. Accounting earnings and security valuation: empirical evidence of the fundamental links [J]. Journal of Accounting Research: 54-77.

ECCLES B C, DANIELA S, 2010. The Landscape of Integrated Reporting Reflections and Next Steps. Massachusetts: The President and Fellows of Harvard College: 33-37.

EPSTEIN M J, FREEDMAN M, 1994. Social Disclosure and the Individual Investor [J]. Accounting Auditing & Accountability Journal, 7 (4): 94-109 (16).

FLANNERY M, RANGAN K, 2006. Partial adjustment toward target capital structures [J]. Journal of Financial Economics, 79 (3): 469-506.

FRIEDMAN M, 1970. Social Responsibility of Business [J]. Mendeley.

GHANI E K, LASWAD F, TOOLEY S, et al., 2009. The Role of Presentation Format on Decision-makers' Behaviour in Accounting [J]. International Business Research, 2 (1): 183.

GODFREY P C, MERRILL C B, HANSEN J M, 2009. The Relationship between Corporate Social Responsibility and Shareholder Value: An Empirical Test of the Risk Management Hypothesis. Strategic Management Journal, 30 (4): 425-

445.

GOLD FIELD, 2012. Gold Field integrated report 2012.

GRAY R, 2000. Thirty Years of Social Accounting, Reporting and Auditing: What (if anything) Have We learnt? [J] Business Ethics: A European Review, 10 (1): 9-15.

GRI, 2013. The sustainability content of integrated reports -a survey of pioneers [R]. The Global Reporting Initiative Research & Development Series.

GRI, 2006. Sustainability Reporting Guidelines.

GRI, 2011. Towards Integrated Reporting.

HABOUCHA, 2013. Engagement as True Conversation, Journal of Law, Economics and Organization, 21: 369-415.

HADLOCK J C, PIECE J R, 2010. New Evidence on Measuring Financial Constraints: Moving Beyond the KZ Index [J]. Review of Finance Study (5): 1909-1940.

HARVEY N, BOLGER F, 1996. Graphs versus tables: Effects of data presentation format on judgemental forecasting [J]. International Journal of Forecasting, 12 (1): 119-137.

HEATH R L, PHELPS G, 1984. Annual reports II: Readability of reports vs. business press [J]. Public Relations Review, 10: 56-62.

HELFERT E A, 1997. Techniques of financial analysis: a modern approach [M]. Irwin/McGraw-Hill.

HERMAN CHERNOFF, 1972. The Use of Faces to Represent Points in k-Dimensional Space Graphically [J]. Journal of the American Statistical Association, 68 (68): 361-368.

HIRST D E, HOPKINS P, 1998. Discussion of Comprehensive Income Reporting and Analysts' Valuation Judgments [J]. Journal of Accounting Research (supplement), 47-75.

HOCKERTS K, MOIR L, 2003. Communicating Corporate Responsibility to Investors-The Changing Role of the Investor Relations Function [J]. Journal of Business Ethics, 42 (1): 85-98.

HOOGHIEMSTRA R, 2000. Corporate Communication and Impression Management -New Perspectives Why Companies Engage in Corporate Social Reporting [J]. Journal of Business Ethics, 27 (1-2): 55-68.

IIRC, 2012. Background Paper Business Model.

IIRC, 2012. Background Paper Capitals.

IIRC, 2012. Background Paper Connectivity.

IIRC, 2012. Background Paper Value Creation.

IIRC, 2013. IIRC Consultation Draft of the International IR Framework.

IIRC, 2013. The Integrated Reporting Framwork [S].

INGRAM, ROBERT W, 1978. An Investigation of the Information Content of Social Responsibility Disclosures, Journal of Accounting Research, 16 (2): 270-285.

IOANNOU I, SERAFEIM G, 2014. The impact of corporate social responsibility on investment recommendations: Analysts' perceptions and shifting institutional logics [J]. Strategic Management Journal.

J JONES M, A SHOEMAKER P, 1994. Accounting Narratives: A Review of Empirical Studies of Content and Readability [J]. Journal of Accounting Literature, 13: 142.

JAMES GUTHRIE, LEE D PARKER, 1989. Corporate Social Reporting: A Rebuttal of Legitimacy Theory [J]. Accounting & Business Research, 19 (76): 343-352.

JARVENPAA S L, DICKSON G W, 2010. Graphics and managerial decision making: research-based guidelines [J]. Communications of the Acm, 31 (6): 764-774.

JENSON, 2012. Two Worlds Collide-One World to Emerge. Harvard Business Review (15): 15-26.

JOHNSON H L, 1971. Business in contemporary society: framework and issues [M]. Wadsworth Pub. Co.

JONATHON H, LOUISE G, 2012. Integrated Reporting: lessons from the South Africanexperience [R]. The World Bank.

JONES M J, 1988. A Longitudinal Study of the Readability of the Chairman's Narratives in the Corporate Reports of A UK Company [J], Accounting and Business Research, 8: 297-305.

KAPLAN S N, L ZINGALES, 1997. Do Investment-cash Flow Sensitivities Provide Useful Measures of Financing Constraints [J]. The Quarterly Journal of Economics, 112 (1): 169-215.

KPMG, 2008. KPMG International survey of corporate responsibility. http://integrate dreporting. org/wp-content/uploads/2016/11/CreatingValue_ Integrated Thinking_ . pdf.

KPMG, 2016. The KPMG Survey of Corporate Responsibility Report 2015. Amsterdam: KPMG International Global Sustainability Service: 1-48.

KUHBERGER A, 1995. The Framing of Decisions: A New Look at Old Problems [J]. Organizational Behavior & Human Decision Processes, 62 (2): 230-240.

LA PORTA R, LOPEZ-DE-SILANES F, SHLEIFER A, et al., 2000. Investor protection and corporate governance [J]. Journal of financial economics, 58 (1): 3-27.

LAMBERT R, LEUZ C, VERRECCHIA R E, 2007. Accounting information, disclosure, and the cost of capital [J]. Journal of accounting research, 45 (2): 385-420.

LEE, 2013. Push, Nudge or Take Control: An Integrated Approach to Integrated Reporting [J]. The Accounting Review (9): 152-158.

LEVIN S A, CLARK W C, 2010. Toward a science of sustainability [J].

LIBBY R, LEWIS B L, 1977. Human information processing research in accounting: The state of the art in 1982 [J]. Accounting Organizations & Society, 7 (3): 231-285.

LÖÖF H, 2005. Dynamic optimal capital structure and technical change [J]. Structural Change & Economic Dynamics, 15 (4): 449-468.

MACKAY D B, VILLARREAL A, 1987. Performance differences in the use of graphic and tabular displays of multivariate data [J]. Decision Sciences, 18 (4): 535-546.

MCMILLAN G S, 1996. Corporate Social Investment: Do They Pay? [J]. Journal of Business Ethics, 15 (3): 309-314.

MICROSOFT, 2012. Microsoft annual report 2012.

MILLER G A, 1956. The magical number seven plus or minus two: some limits on our capacity for processing information. [J]. Psychological Review, 63 (2) (2): 81-97.

MILLER PERKINS, 2014. Integrated Reporting and the Collaborative Community: Creating Trust through the Collective Conversation [J]. Journal of Law, Economics and Organization (22): 366-413.

MORENO K, KIDA T, SMITH J F, 2002. The Impact of Affective Reactions on Risky Decision Making in Accounting Contexts [J]. Journal of Accounting Research, 40 (5): 1331-1349.

MORIARITY S, 1979. Communicating Financial Information Through Multidimensional Graphics [J]. Journal of Accounting Research, 17 (1): 205-224.

MULTINATIONALS U K, GRAY S J, MEEK G K, 1995. International Capital Market Pressures and Voluntary Annud Report Disclosures.

NERON P Y, NORMAN W, 2008. Corporations as Citizens: Political Not Metaphorical: A Reply to Critics [J]. Business Ethics Quarterly, 18 (1): 61-66.

NEUMAYER E, 2003. Weak versus strong sustainability: exploring the limits of two opposing paradigms [M]. Edward Elgar Publishing.

PARROT, 2013. Engagement as True Conversation, Journal of Law, Economics and Organization, 21: 369-415.

PARSONS C A, TITMAN S, 2009. Empirical Capital Structure: A Review [J]. Foundations & Trends© in Finance, 3 (1): 1-93.

PATTEN D M, 2002. Media exposure, public policy pressure, and environmental disclosure: an examination of the impact of tri data availability [J]. Social Science Electronic Publishing, 26 (2): 152-171.

PEARCE D W, MARKANDYA A, BARBIER E, 1989. Blueprint for a green economy [M]. Earthscan.

PEZZEY, JOHN, MICHAEL A, et al., 2002. The economics of sustainability. Ashgate/Dartmouth.

PINEIRO-CHOUSA J, VIZCAíNO-GONZáLEZ M, ROMERO-CASTRO N, 2015. 10 Recent Advances in Standardizing the Reporting of Nonfinancial Information [J]. Organizational Change and Global Standardization: Solutions to Standards and Norms Overwhelming Organizations: 169.

PINON A, GAMBARA H, 2005. A meta-analytic review of framming effect: risky, attribute and goal framing [J]. Psicothema, 17 (2): 325-331.

PORTER M E, KRAMER M R, 2011. La creación de valor compartido: cómo reinventar el capitalismo y liberar una oleada de innovación y crecimiento [J]. Harvard Business Review, 89: 31-49.

QIAN Y, TIAN Y, WIRJANTO T S, 2009. Do Chinese publicly listed companies adjust their capital structure toward a target level? [J]. China Economic Review, 20 (4): 662-676.

, 2012. Reporting: an institutionalist approach [J]. Business Strategy and the Environment, 21 (5): 299-316.

RICHENS J, 2012. The Changing Face of Corporate Reporting [J]. Environmental DataServices ENDS, (452): 30-33.

ROCKNESS J, WILLIAMS P F, 1988. A descriptive study of social responsibility mutual funds [J]. Accounting Organizations & Society An International Journal Devoted to the Behavioural Organizational & Social Aspects of Accounting, 13 (88): 397-411.

RS KAPLAN, DP NORTON. The Balanced Score Card. Measures that Drive Business Performance.

SANFORD LEWIS, COUNSEL, 2010. Learning from BP´s「Sustainable」Self-Portraits: From「Integrated Spin」to Integrated Reporting [C] //ECCLES R G, CHENG B, SALTZMAN D. The Landscape of Integrated Reporting: Reflections and next steps. Harvard Business School: Cambridge: 65-78.

SAP, 2011. SAP annual report 2011.

Sasol, 2012. Sasol integrated report 2012.

SCHIPPER K, 1989. Commentary on earnings management [J]. Accounting horizons, 3 (4): 91-102.

SIEVÄNEN R, RITA H, SCHOLTENS B, 2013. The Drivers of Responsible Investment: The Case of European Pension Funds [J]. Journal of Business Ethics, 117 (1): 137-151.

SIMPSON A, 2010. Analysts' Use of Nonfinancial Information Disclosures [J]. Contemporary Accounting Research, 27 (1): 249-288.

SMITH M, TAFFLER R, 1992. Readability and Understandability: Different Measures of the Textual Complexity of Accounting Narrative [J]. Accounting Auditing & Accountability Journal, 5 (4).

SO S, SMITH M, 2004. Multivariate decision accuracy and the presentation of accounting information [J]. Accounting Forum, 28 (3): 283-305.

STILL M D, 1972. The Readability of Chairmen's Statements [J]. Accounting and Business Research: 36-39.

SUCHMAN M C, 1995. Managing legitimacy: Strategic and institutional approaches [J]. Academy of Management Review, 20 (3): 571-610.

TONG N, 2015. Corporate Governance and Corporate Social Responsibility Disclosure: Evidence from China [M] //Developments in Chinese Entrepreneurship. Palgrave Macmillan US: 77-106.

TUTTLE B, KERSHAW R, 1998. Information Presentation and Judgment Strategy from a Cognitive FitPerspective [J]. Journal of Information Systems, 12 (1): 1-17.

TVERSKY A, KAHNEMAN D, TVERSKY A, et al., 1981. Evidential Impact of Base Rates [J]. D. kahneman P. slovic & A. tversky Judgment Under Uncertainty Heuristics & Biases.

ULLMANN A A, 1985. Data in Search of a Theory: A Critical Examination of the Relationships Among Social Performance, Social Disclosure, and Economic Performance of U. S. Firms [J]. Academy of Management Review, 10 (3): 540-557.

UMANATH N S, VESSEY I, 1994. Multiattribute Data Presentation and Human Judgment: A Cognitive Fit Perspective [J]. Decision Sciences, 25 (5-6): 795-824.

VALENTINETTI, DIEGOREA, MICHELE A, 2013.「XBRL for Financial Reporting: Evidence on Italian GAAP versus IFRS」, Accounting Perspectives, 12 (3), 237-259.

Vancity, 2012. Vancity annual report 2012.

VASARHELYI, MIKLOS A. CHAN, DAVID Y. KRAHEL, et al., 2012. Journal of Information Systems, Vol. 26 Issue 1, 155-167.

VESSEY I, GALLETTA D, 1991. Cognitive Fit: An Empirical Study of Information Acquisition [J]. Information Systems Research, 2 (1): 63-84.

WASHBURNE J N, 1927. An experimental study of various graphic, tabular, and textual methods of presenting quantitative material. [J]. Journal of Educational Psychology, 18 (6): 361-376.

WILLIS J L. Implications of Structural Changes in the U. S. Economy for Pricing Behavior and Inflation Dynamics [J]. Economic Review, Federal Reserve Bank of Kansas City, 1: 5-27.

WRIGHT W F, 2001. Task Experience as a Predictor of Superior Loan Loss Judgments [J]. Auditing A Journal of Practice & Theory, 20 (1): 147-155.

ZIMMERMAN, 2014. The Role of Stock Exchanges in Expediting the Global Adoption ofIntegrated Reporting, The Accounting Review (9): 109-120.

白重恩, 劉俏, 陸洲, 等, 2005. 中國上市公司治理結構的實證研究 [J]. 經濟研究 (2): 81-91.

彼得·德魯克, 2002. 創新與企業家精神 [M]. 蔡文燕, 譯. 上海: 上海人民出版社.

彼得·德魯克, 2009. 卓有成效的管理者 [M]. 許是祥, 譯. 北京: 機械工業出版社.

財政部會計司, 2016. 國際綜合報告委員會的歷史、現狀和未來. 綜合報告研究簡報第一期, 11.

財政部會計司考察團, 2007. 英國和法國企業內部控制考察報告 [J]. 會計研究 (9).

蔡海靜, 汪祥耀, 徐慧, 2011. 基於可持續發展理念的企業整合報告研究 [J]. 會計研究 (11).

蔡海靜, 汪祥耀, 2013. 實施整合報告能否提高信息的價值相關性: 來自第一個強制實施整合報告的國家南非的經驗證據 [J]. 會計研究 (1): 35-41, 95.

蔡海靜, 汪祥耀, 2013. 實施整合報告能夠提高信息的價值相關性 [J]. 會計研究 (1): 35-40.

蔡海靜, 汪樣耀, 許慧, 2011. 基於可持續發展理念的企業整合報告研究 [J]. 會計研究 (11).

蔡海靜, 2012. 整合報告財務信息價值相關性研究: 基於南非整合報告實施效果的經驗證據 [C] // 中國會計學會財務管理專業委員會、中國財務學年會組委會. 中國會計學會財務管理專業委員會2012年學術年會暨第十八屆中國財務學年會論文集. 中國會計學會財務管理專業委員會、中國財務學年會組委會: 10.

蔡海靜, 2011. 企業整合報告: 國際經驗與中國借鑑 [J]. 財務與會計 (12): 34-36.

蔡海靜, 2014. 全球會計改革視閾下中國企業整合報告實踐前景 [J]. 財務與會計 (3): 30-32.

陳國輝, 2007. 會計理論研究 [M]. 大連: 東北財經大學出版社.

陳宏輝, 賈生華, 2003. 企業社會責任觀的演進與發展: 基於綜合性社會契約的理解 [J]. 中國工業經濟 (12): 85-92.

陳繼初, 2012. 信息披露質量對會計信息價值相關性的影響 [J]. 財會月刊 (30)：22-24.

陳少華, 葛家澍, 2006. 公司財務報告問題研究 [M]. 廈門：廈門大學出版社.

陳少華, 2011. 財務報表分析方法 [M]. 2版. 廈門：廈門大學出版社.

陳宋生, 張永冀, 劉寧悅, 等, 2013. 雲計算、會計信息化轉型與IT治理：第十二屆全國會計信息化年會綜述 [J]. 會計研究 (7)：93-95.

陳玉清, 馬麗麗, 2005. 中國上市公司社會責任會計信息市場反應實證分析 [J]. 會計研究 (11)：76-81.

陳志斌, 何忠蓮, 2007. 內部控制執行機制分析框架構建 [J]. 會計研究 (10).

陳志斌, 2007. 信息化生態環境下企業內部控制框架研究 [J]. 會計研究 (1).

程平, 趙子曉, 2014. 大數據對企業財務決策的影響探析 [J]. 財務與會計 (10)：49-50.

程新生, 譚有超, 劉建梅, 2012. 非財務信息、外部融資與投資效率：基於外部制度約束的研究 [J]. 管理世界 (7)：137-150.

崔學剛, 2004. 上市公司財務信息披露：政府功能與角色定位 [J]. 會計研究 (1)：33-38.

鄧博夫, 2014. 會計分權下的管理會計師角色轉變與信息決策有用性研究 [D]. 成都：西南財經大學.

刁宇凡, 2013. 企業社會責任標準的形成機理研究：基於綜合社會契約視閾 [J]. 管理世界 (7)：180-181.

董峰, 許家林, 舒利敏, 2013. 企業非財務報告研究：述評與展望 [J]. 經濟與管理研究 (8)：83-91.

杜美杰, 劉凱, 李吉梅, 2014. 綜合報告與XBRL [J]. 財務與會計 (6)：41-44.

風笑天, 2014. 社會調查中的問卷設計 [M]. 北京：中國人民大學出版社.

馮芷艷, 郭迅華, 曾大軍, 等, 2013. 大數據背景下商務管理研究若干前沿課題 [J]. 管理科學學報 (1)：1-9.

高輝, 2014. 企業綜合報告研究 [D]. 北京：財政部財政科學研究所.

高錦萍, 彭曉峰, 2008. XBRL財務報告分類標準的質量及特徵研究 [J].

經濟問題探索（7）：78-83.

高錦萍，張天西，2006. XBRL 財務報告分類標準評價：基於財務報告分類與公司偏好的報告實務的匹配性研究［J］. 會計研究（11）：24-29.

葛家澍，占美松，2008. 企業財務報告分析必須著重關注的幾個財務信息：流動性、財務適應性、預期現金淨流入、盈利能力和市場分析［J］. 會計研究（5）.

葛家澍，2004. 建立中國財務會計概念框架的總體設想［J］. 會計研究（1）.

龔明曉，2007. 企業社會責任信息決策價值研究［D］. 廣州：暨南大學.

關正雄，2013. 信息披露改變世界：親歷 GRI 阿姆斯特丹大會 G4 發布［J］. 經濟導刊（6）：39-40.

郭道揚，2005. 論統一會計制度［J］. 會計研究（1）：11-24.

韓剛，覃正，2007. 信息生態鏈：一個理論框架［J］. 情報理論與實踐（1）：18-32.

韓潔，田高良，李留闖，2015. 連鎖董事與社會責任報告披露：基於組織間模仿視角［J］. 管理科學，28（1）：18-31.

郝祖濤，嚴良，謝雄標，等，2014. 集群內資源型企業綠色行為決策關鍵影響因素的識別研究［J］. 中國人口·資源與環境（10）：170-176.

賀寅霏，任曉娟，2015. 綜合報告與 XBRL 的結合［J］. 商（3）：44-45.

胡曉玲，2012. 借鑑日本經驗完善中國環境會計信息披露制度［J］. 財會研究（1）：32-34.

胡玉明，2006. 企業財務報表分析的新思維［J］. 財務與會計（23）：62-64.

胡元木，譚有超，2013. 非財務信息披露：文獻綜述以及未來展望［J］. 會計研究（3）.

黃取情，劉皓雪，陳思，等，2015. 價值發現之旅 2015：中國企業可持續發展報告研究［R］. 商道縱橫研究報告.

黃世忠，2007. 財務報表分析理論·框架·方法與案例［M］. 北京：中國財政經濟出版社.

黃曉波，2008. 基於社會公正的財務會計理論創新［J］. 財會通訊（學術版）（4）：27-30.

黃新建，張宗益，2006. 盈餘管理的計量模型研究綜述［J］. 生態經濟（中文版）（6）：52-55.

吉利，張正勇，毛洪濤，2013. 企業社會責任信息質量特徵體系構建：基

於對信息使用者的問卷調查 [J]. 會計研究（1）：50-56.

貫華強, 1996. 可持續發展經濟學導論 [M]. 北京：知識出版社.

解江凌, 趙楊, 劉延平, 2014. 中國中央企業社會責任報告發布現狀與質量評估：基於2006—2012年發布的社會責任報告 [J]. 管理現代化（2）：60-62.

雷若曦, 2015. 基於可持續發展的企業綜合報告框架構建研究 [D]. 蘭州：蘭州財經大學.

李艾洋, 2013. 國際綜合報告的發展及其面臨的挑戰 [J]. 商（7）.

李明輝, 何海, 馬夕奎, 2003. 中國上市公司內部控制信息披露狀況的分析 [J]. 審計研究（1）：38-43.

李瓊娟, 2012. 綜合報告：CSR報告的新趨勢 [J]. 現代經濟信息（20）：109-110, 112.

李莎, 遊嘉悅, 2009. 上市公司社會責任會計信息披露的實證研究 [J]. 湖北工業大學學報, 24（6）：81-84.

李姝, 趙穎, 童婧, 2013. 社會責任報告降低了企業權益資本成本嗎？：來自中國資本市場的經驗證據 [J]. 會計研究（9）：64-70.

李偉, 2009. 互聯網對財務會計的影響 [J]. 中小企業管理與科技（下月刊）（5）：249.

李心合, 蔡蕾, 2006. 公司財務分析：框架與超越 [J]. 財經問題研究（10）：68-73.

李心合, 2014. 財務報表分析框架需要重大調整 [J]. 財務與會計（理財版）（7）：1.

李亞玲, 趙娟, 2014. 上市公司綜合報告的非財務信息披露質量評價 [J]. 財會月刊（24）：63-66.

李正, 李增泉, 2012. 企業社會責任報告鑒證意見是否具有信息含量：來自中國上市公司的經驗證據 [J]. 審計研究（1）：78-86.

李鑽, 2006. 未來財務報告發展的探討 [J]. 湖北教育學院學報（10）.

栗莉, 劉陽, 2009. 財務報告現狀及未來發展 [J]. 知識經濟（4）.

劉紅霞, 李任斯, 2015. 在職消費、盈餘透明度與社會責任報告披露 [J]. 中央財經大學學報（1）：53-62.

劉梅玲, 2013. 會計信息化標準體系研究 [D]. 北京：財政部財政科學研究所.

劉曉嬙, 2013. 綜合報告模式下的內部控制保證願景 [J]. 財會月刊（4）.

劉亦麟，2014. 關於企業綜合報告有關問題的分析與探討［J］. 財務與會計（9）：21-22.

劉兆峰，2008. 企業社會責任與企業形象塑造［M］. 北京：中國財政經濟出版社.

劉志遠，劉潔，2001. 信息技術條件下的企業內部控制［J］. 會計研究（12）.

羅珉，曾濤，週日思偉，2005. 企業商業模式創新：基於租金理論的解釋［J］. 中國工業經濟（7）.

羅韜，2015. 企業財務信息披露過程中的質量問題研究［J］. 經營管理者（33）：33.

駱良彬，張白，2008. 企業信息化過程中內部控制問題研究［J］. 會計研究（5）.

馬春愛，2011. 構建信用評級中的財務分析新框架：一個現金流的視角［J］. 投資研究（4）：17-19.

馬龍龍，2011. 企業社會責任對消費者購買意願的影響機制研究［J］. 管理世界（5）：120-126.

毛洪濤，馮華忠，2013. 會計信息呈報格式的決策價值研究述評：基於權變理論的視角［J］. 會計與經濟研究，27（3）：40-49.

毛洪濤，何熙瓊，蘇朦，2014. 呈報格式、個人能力與管理會計信息決策價值：一項定價決策的實驗研究［J］. 會計研究（7）.

孟祥瑞，張洪福，餘曼，2014. 價值發現之旅2013—2014：中國企業可持續發展報告研究［R］. 商道縱橫研究報告.

孟曉俊，2000. 對表外融資及其披露問題的研究［J］. 合肥工業大學學報（社會科學版）（3）：22-23.

苗東升，1990. 系統科學原理［M］. 北京：中國人民大學出版社.

南河，2013. 邁向綜合報告時代［J］. 國際融資（9）.

南開大學公司治理評價課題組，李維安，2010. 中國上市公司治理狀況評價研究：來自2008年1127家上市公司的數據［J］. 管理世界（1）：142-151.

南開大學公司治理研究中心公司治理評價課題組，李維安，2006. 中國上市公司治理指數與公司績效的實證分析：基於中國1149家上市公司的研究［J］. 管理世界（3）：104-113.

南開大學公司治理研究中心課題組，2003. 中國上市公司治理評價系統研究［J］. 南開管理評論，6（3）：4-12.

寧小博，2014. 基於年報數據挖掘的上市公司財務分析：以永輝超市有限

股份公司為例 [J]. 商場現代化（06）: 175-176.

歐陽電平, 陳彥, 2008. 信息技術環境下企業會計信息系統發展中的關係研究 [J]. 財會通訊: 學術版（10）.

喬元芳, 2013. 國際綜合報告框架簡介 [J]. 新會計（9）.

秦榮生, 2013. 雲計算的發展及其對會計、審計的挑戰 [J]. 當代財經（1）: 111-117.

屈濤, 2013. 從孤島思維到反應企業全貌 [J]. 中國會計報（4）.

仁達方略, 2009. 商業模式創新案例集 [J]. 北京仁達方略管理諮詢有限公司.

任月君, 2010. 中國財務報告改進面臨的問題及總體建議 [J]. 東北財經大學學報（4）: 45-48.

沈洪濤, 宋獻中, 許潔瑩, 2010. 中國社會責任會計研究: 回顧與展望 [J]. 財經科學（4）.

沈洪濤, 楊熠, 2008. 公司社會責任信息披露的價值相關性研究: 來自中國上市公司的經驗證據 [J]. 當代財經（4）.

沈洪濤, 2007. 國外公司社會責任報告主要模式述評 [J]. 證券市場導報（8）: 7-13.

沈洪濤, 2012. 綜合報告: 社會責任信息與財務信息的融合 [J]. WTO經濟導刊（5）: 68-69.

沈夢姣, 戚麗杏, 2013. 國際會計職業團體對外報告的最新進展及分析 [J]. 中國註冊會計師（9）: 115-119.

宋獻中, 龔明曉, 2006. 公司會計年報中社會責任信息的價值研究: 基於內容的專家問卷分析 [J]. 管理世界（12）: 104-110, 167-172.

宋獻中, 2006. 論企業核心能力信息的自願披露 [J]. 會計研究（2）.

宋曉文, 2011. 中國社會責任計量方法文獻述評 [J]. 財會月刊（11）.

宋永春, 2011. 中國企業社會責任會計信息披露問題研究 [J]. 商業會計,（12）.

孫紅梅, 蔣娜, 岑磊, 2011. 中國企業社會責任會計信息披露 [J]. 會計之友（3）.

孫岩, 2012. 社會責任信息披露的清晰性、第三方鑒證與個體投資者的投資決策: 一項實驗證據 [J]. 審計研究（4）: 97-104.

唐·R. 漢森, 瑪麗安娜·M. 莫溫, 2010. 管理會計 [M]. 陳良華, 楊敏譯. 北京: 北京大學出版社.

唐亞軍，吉利，汪麗，2014. 呈報格式多樣性、信息交互及管理會計報告決策價值研究 [J]. 西藏大學學報：社會科學版，29（2）：188-194.

唐志豪，計春陽，胡克瑾，2008. 信息技術治理研究述評 [J]. 會計研究（5）.

田翠香，2010. 環境信息披露、環境績效與企業價值 [J]. 財會通訊（19）：23-25.

田翠香，2010. 中國上市公司年報中的環境信息披露 [J]. 會計之友（1）：87-89.

萬邁，2013. 透過附註看上市公司會計信息披露質量 [J]. 財會月刊（7）.

汪祥耀，金一禾，2014. 財務報告概念框架列報和披露演進 [J]. 財會通訊（5）.

汪祥耀，潘瑩，2012. 後危機時代公司整合報告的構想及創新：基於FESG四維信息與SWOT分析的思考 [J]. 財經論叢（1）：76-83.

王德祿，劉銘源，2009. 中國上市公司信息披露問題及其治理對策 [J]. 天津商業大學學報，29（2）：54-59.

王霞，徐怡，陳露，2014. 企業社會責任信息披露有助於甄別財務報告質量嗎？[J]. 財經研究，40（5）.

王元卓，靳小龍，程學旗，2013. 網絡大數據：現狀與展望 [J]. 計算機學報（6）：1126-1135.

維克托·邁爾·舍恩伯格，肯尼思·庫克耶，2012. 大數據時代 [M]. 盛楊燕，週日濤譯. 杭州：浙江人民出版社.

魏明海，1999. 論有效的財務分析模式 [J]. 江西財經大學學報（5）：52，55，80.

魏煒，朱武祥，2009. 發現商業模式 [M]. 北京：機械工業出版社.

魏煒，朱武祥，2010. 重構商業模式 [M]. 北京：機械工業出版社.

吳革，張亞東，2011. 企業財務報表的三層次分析框架 [J]. 財務與會計（理財版）（7）：18-19.

吳睿潔，2013. 國際綜合報告中員工非財務指標設計 [J]. 財經縱覽（14）.

吳水澎，陳漢文，邵賢弟，2000. 企業內部控制理論的發展與啟示 [J]. 會計研究（5）：2-8.

夏立軍，鹿小楠，2005. 上市公司盈餘管理與信息披露質量相關性研究 [J]. 當代經濟管理（5）：147-152，160.

徐紅梅，2012. 關於縣級供電子公司財務管理的研究 [J]. 會計之友

（26）：41-43.

徐宗本，馮芷艷，郭迅華，等，2014. 大數據驅動的管理與決策前沿課題［J］. 管理世界（11）：158-163.

許永斌，2000. 基於互聯網的會計信息系統控制［J］. 會計研究（8）.

楊敏，劉光忠，陸建橋，等，2012. 綜合報告國際發展動態及中國應對舉措［J］. 會計研究（9）：3-8.

楊敏，劉光忠，陸建橋，等，2012. 國際綜合報告的發展動態與中國的應對舉措［N］. 中國會計報（9）.

楊孫蕾，毛園紅，2014. 綜合報告實踐的國際比較及啟示［J］. 財會月刊（S1）：154-157.

楊週日南，劉梅玲，2011. 會計信息化標準體系構建研究［J］. 會計研究（6）：8-16.

楊週日南，朱建國，劉鋒，等，2010. XBRL分類標準認證的理論基礎和方法學體系研究［J］. 會計研究（11）：10-15.

姚曉娟，2008. 基於利益相關者合作的企業財務報告淺析［J］. 現代審計與經濟（2）：35.

葉陳剛，曹波，2008. 企業社會責任評價體系的構建［J］. 財會月刊（18）：41-44.

尹衡，2014. 整合報告的國際發展和經驗借鑑［J］. 財會月刊（9）：22-24.

尹玨林，張玉利，2010. 中國企業的CSR認知、行動和管理：基於問卷的實證分析［J］. 經濟理論與經濟管理（9）：63-70.

尹開國，汪瑩瑩，高銘尉，2014. UTC2011年年度財務與企業責任績效綜合報告評析［J］. 會計之友（15）：61-64.

應唯，王丁，黃敏，等，2013. XBRL財務報告分類標準的架構模型研究［J］. 會計研究（8）：3-9.

餘新培，2006. 企業財務報告體系研究［M］. 北京：中國財政經濟出版社.

袁知柱，吳粒，2012. 會計信息可比性研究評述及未來展望［J］. 會計研究（9）：9-15.

袁子琪，沈洪濤，2011. Novo Nordisk公司的綜合報告實踐及對中國的啟示［J］. 財務與會計（4）：73-74.

張樂，苑澤明，2014. 中電控股有限公司的綜合報告實踐與啟示［J］. 會計之友（12）：40-42.

張寧, 2013. 保險公司 2013 年度信息披露質量評估研究 [J]. 保險研究 (7): 3-11.

張文華, 2015. 企業價值創造與分享的財務報告研究: 基於利益相關者視角 [J]. 財會通訊 (10): 106, 108, 4.

張文彤, 2004. SPSS 統計分析高級教程 [M]. 北京: 高等教育出版社.

張先治, 陳友邦, 2007. 財務分析 [M]. 4 版. 大連: 東北財經大學出版社.

張先治, 2007. 財務分析理論發展與定位研究 [J]. 財經問題研究 (4): 81-86.

張先治, 2001. 構建中國財務分析體系的思考 [J]. 會計研究 (6): 33-39.

張鮮華, 2012. 基於可持續發展的企業年度報告研究 [J]. 西北民族大學學報 (哲學社會科學版) (3): 99-104.

張新男, 鐘俊華, 2006. 論財務報告的現狀及其改進 [J]. 黑龍江對外經貿 (12): 111-112.

張原, 劉珊, 2014. 互聯網金融對會計發展影響研究 [J]. 新會計 (11): 17-19.

張兆國, 劉曉霞, 張慶, 2009. 企業社會責任與財務管理變革: 基於利益相關者理論的研究 [J]. 會計研究 (3): 54-59.

張正勇, 2012. 產品市場競爭、公司治理與社會責任信息披露: 來自中國上市公司社會責任報告的經驗證據 [J]. 山西財經大學學報 (4): 72-81.

章鐵生, 2007. 信息技術條件下的內部控制規範 [J]. 會計研究 (7).

趙現明, 張天西, 2009. 財務信息呈報格式與決策者行為: 研究綜述及啟示 [J]. 經濟與管理研究 (11): 123-128.

趙現明, 張天西, 2010. 基於 XBRL 標準的年報信息含量研究 [J]. 經濟與管理研究 (2): 102-107.

鄭海英, 2004. 上市公司內部控制環境研究 [J]. 會計研究 (12).

支曉強, 何天芮, 2010. 信息披露質量與權益資本成本 [J]. 中國軟科學 (12): 125-131.

週日福源, 2012. 公司財務分析框架: 融合觀點 [J]. 商業會計 (9): 104-106.

朱凱, 李琴, 潘金鳳, 2008. 信息環境與公允價值的股價相關性: 來自中國證券市場的經驗證據 [J]. 財經研究 (7): 133-143.

諸大建，2013. 超越增長：可持續發展經濟學如何不同於新古典經濟學［J］. 學術月刊（10）：79-89.

諸祺生，2012. 電子商務環境對會計的影響淺析［J］. 財經界（3）：170-172.

鄒立，湯亞莉，2006. 中國上市公司環境信息披露的博弈模型［J］. 生態經濟（中文版）（5）：112-116.

鄒夢妮，吳杰，2016. 綜合報告鑒證國際新進展［J］. 審計與鑒證（6）：92-96.

# 附錄 1　中國企業綜合報告指標體系專家調查問卷

尊敬的先生／女士：

您好！

我們是企業綜合報告指標體系課題組成員，目前承擔該課題的研究任務。經過前期大量的文獻收集及理論研究工作，本課題目前已進入實地調研階段。為了使我們的研究結論能夠更具有針對性及有效性，特設計此份專家調查問卷，希望能夠得到您的支持合作及寶貴意見。

近年來，企業綜合報告已逐漸成為國際經濟和會計領域一個具有前沿性、全局性的熱點議題，並對企業報告的發展模式形成巨大衝擊。但是，目前企業綜合報告的發展還處於探索階段，國內外對綜合報告尚未有一個統一的定義，也少有研究深入探討綜合報告的內涵與外延，尤其中國還停留在非財務報告的發展階段，對綜合報告的研究與實踐還很缺乏。另外，目前對綜合報告的研究大多停留在理論框架上，尚未有具體的編製指南或規範指導企業如何編製綜合報告，使得綜合報告模式難以推廣，綜合報告涵蓋內容在不同企業間差異較大，難以比較。因此，本研究嘗試從理論和實證兩個方面，借鑑國際上綜合報告的實踐經驗，擬通過專家調查問卷與 AHP 層次分析相結合的方法提出適用於中國企業的綜合報告指標體系。

作為該領域的專家／學者，凝聚您多年研究經驗和智慧的建議將是我們進行該項研究的基礎和寶貴財富，請您撥冗填寫調查問卷。就中國企業綜合報告指標構建重要程度，以中間方的角度，同時考慮綜合報告供應方（信息發布者企業）能否提供及綜合報告需求方（信息使用者、投資者）情況，對綜合報告在發布及決策時產生的重要程度打分（1＝「完全不重要」，……，6＝「非常重要」，數字越大表示重要程度越高）。如有補充請填寫，並賦值。

我們鄭重承諾：調查涉及的全部資料僅供學術研究之用，決不私自挪作他用，對您所填寫的所有信息，將嚴格保密。如您需要，我們願意將最終研究成

果反饋給您,以期能為中國企業綜合報告指標體系構建提供有益借鑑!

非常感謝您抽出寶貴的時間參與問卷調查!

(一)主體問卷:請您站在客觀的立場,根據您的專業判斷,以中間方的角度,同時考慮綜合報告供應方及需求方的情況,為在綜合報告發布時價值創造及投資決策產生的重要程度打分(1=「完全不重要」,……,6=「非常重要」,數字越大表示重要程度越高)。如有補充請填寫,並賦值。問卷見附表1。

### 附表1 企業綜合報告調查情況

| 維度 | 項目 | 指標 | 指標定義及計量方式 | 完全不重要 | 不重要 | 有點不重要 | 有點重要 | 重要 | 非常重要 |
|---|---|---|---|---|---|---|---|---|---|
| 財務信息 | 財務結構 | 總資產 | 報告期資產負債表中的總資產項目 | 1 | 2 | 3 | 4 | 5 | 6 |
| | | 所有者權益 | 報告期資產負債表中的所有者權益項目 | 1 | 2 | 3 | 4 | 5 | 6 |
| | | 總負債 | 報告期資產負債表中的總資產項目 | 1 | 2 | 3 | 4 | 5 | 6 |
| | 經營成果 | 淨利潤 | 報告期利潤表中的淨利潤項目 | 1 | 2 | 3 | 4 | 5 | 6 |
| | | 淨資產收益率 | 報告期期末淨利潤/期末淨資產 | 1 | 2 | 3 | 4 | 5 | 6 |
| | | 主營業務收入 | 報告期利潤表中的主營業務收入項目 | 1 | 2 | 3 | 4 | 5 | 6 |
| | 現金流 | 現金及現金等價物淨增加額 | 對應現金流量表中的現金及現金等價物淨增加額項目 | 1 | 2 | 3 | 4 | 5 | 6 |
| | | 經營活動產生的現金流量淨額 | 對應現金流量表中的經營活動產生的現金流量淨額項目 | 1 | 2 | 3 | 4 | 5 | 6 |
| | | 投資活動產生的現金流量淨額 | 對應現金流量表中的投資活動產生的現金流量淨額項目 | 1 | 2 | 3 | 4 | 5 | 6 |
| | | 籌資活動產生的現金流量淨額 | 對應現金流量表中的籌資活動產生的現金流量淨額項目 | 1 | 2 | 3 | 4 | 5 | 6 |
| | 每股指標 | 每股收益 | 淨利潤/總股數 | 1 | 2 | 3 | 4 | 5 | 6 |
| | | 每股自由現金流量 | 每股自由現金流量/總股數(自由現金流量=淨利潤+折舊及攤銷-資本支出-流動資金需求) | 1 | 2 | 3 | 4 | 5 | 6 |

附表1(續)

| 維度 | 項目 | 指標 | 指標定義及計量方式 | 完全不重要 | 不重要 | 有點不重要 | 有點重要 | 重要 | 非常重要 |
|---|---|---|---|---|---|---|---|---|---|
| 環境信息 | 污染控制 | 「三廢」排放 | 處理各種廢水、廢氣、廢物所支付的金額 | 1 | 2 | 3 | 4 | 5 | 6 |
| | | 二氧化碳減排量 | 企業在生產、營運活動中減少的碳排放量,按標準計量 | 1 | 2 | 3 | 4 | 5 | 6 |
| | | 環保控制措施 | 能夠控制企業環境保護的方案 | 1 | 2 | 3 | 4 | 5 | 6 |
| | 節約能源 | 能源消耗總量 | 統計報告期內企業實際消費能源的能量總量 | 1 | 2 | 3 | 4 | 5 | 6 |
| | | 萬元增加值綜合能耗 | 報告期能源消費量除以企業創造新增價值和固定資產轉移價值 | 1 | 2 | 3 | 4 | 5 | 6 |
| | | 單位能耗 | 單位產品各能源的消耗量 | 1 | 2 | 3 | 4 | 5 | 6 |
| | | 萬元產值綜合能耗 | 統計期內消耗的企業能耗/總產值 | 1 | 2 | 3 | 4 | 5 | 6 |
| | 資源循環利用 | 「三廢」循環利用 | 各廢水、廢氣、廢物循環利用產生的收入金額 | 1 | 2 | 3 | 4 | 5 | 6 |
| | 其他環境信息 | 研發綠色環保產品支出 | 研發各綠色環保產品的支出 | 1 | 2 | 3 | 4 | 5 | 6 |
| | | 年度環保投資額 | 企業本年度投入環境保護的金額 | 1 | 2 | 3 | 4 | 5 | 6 |
| | | 綠色環保產品產值 | 以貨幣表現的企業在報告期內生產的綠色環保產品總量 | 1 | 2 | 3 | 4 | 5 | 6 |
| | | 環保活動捐贈 | 報告期內對環保類型公益活動的捐贈 | 1 | 2 | 3 | 4 | 5 | 6 |

附表1(續)

| 維度 | 項目 | 指標 | 指標定義及計量方式 | 完全不重要 | 不重要 | 有點不重要 | 有點重要 | 重要 | 非常重要 |
|---|---|---|---|---|---|---|---|---|---|
| 社會關係信息 | 股東 | 股東社會背景 | 股東在社會任職情況,有其他社會職務為1,否則為0 | 1 | 2 | 3 | 4 | 5 | 6 |
| | 董事 | 董事社會背景 | 董事在社會任職情況,有其他社會職務為1,否則為0 | 1 | 2 | 3 | 4 | 5 | 6 |
| | 債權人 | 償債情況 | 本年度共償還債務本息 | 1 | 2 | 3 | 4 | 5 | 6 |
| | 金融機構 | 與銀行合作情況 | 截至報告期末本公司擁有的固定合作銀行數量 | 1 | 2 | 3 | 4 | 5 | 6 |
| | | 與其他金融機構合作情況 | 截至報告期末本公司擁有的固定合作其他金融機構數量 | 1 | 2 | 3 | 4 | 5 | 6 |
| | 政府 | 與政府合作情況 | 截至報告期末本公司與政府合作情況,有為1,否則為0 | 1 | 2 | 3 | 4 | 5 | 6 |
| | | 對政府履行的納稅責任 | 公司本年度各項稅費繳納 | 1 | 2 | 3 | 4 | 5 | 6 |
| | 行業協會 | 與行業協會的關係 | 截至報告期末本公司與行業的合作情況,有為1,否則為0 | 1 | 2 | 3 | 4 | 5 | 6 |
| | 供應商 | 供應商關係及管理 | 截至本年底公司擁有固定合作夥伴的數量 | 1 | 2 | 3 | 4 | 5 | 6 |
| | 消費者 | 產品及服務質量 | 公司本年度用於技術改造及提高產品質量的支出 | 1 | 2 | 3 | 4 | 5 | 6 |
| | | 市場佔有率 | 本企業產品的銷售數量與該產品市場銷售總量之比 | 1 | 2 | 3 | 4 | 5 | 6 |
| | 社區 | 慈善捐贈 | 公司本年度各項捐贈支出 | 1 | 2 | 3 | 4 | 5 | 6 |

附表1(續)

| 維度 | 項目 | 指標 | 指標定義及計量方式 | 完全不重要 | 不重要 | 有點不重要 | 有點重要 | 重要 | 非常重要 |
|---|---|---|---|---|---|---|---|---|---|
| 人力資源信息 | 員工待遇 | 員工薪酬 | 公司本年度員工薪酬的總額 | 1 | 2 | 3 | 4 | 5 | 6 |
| | | 員工社會保障 | 公司為員工繳納保險 | 1 | 2 | 3 | 4 | 5 | 6 |
| | | 員工福利 | 公司本年度人均工會經費及福利支出 | 1 | 2 | 3 | 4 | 5 | 6 |
| | | 員工合法權益 | 公司為員工所繳納法律規定個人支出 | 1 | 2 | 3 | 4 | 5 | 6 |
| | 工作環境 | 勞保支出 | 公司本年度人均勞保費用支出 | 1 | 2 | 3 | 4 | 5 | 6 |
| | | 辦公改造 | 公司本年度人均辦公環境改造支出 | 1 | 2 | 3 | 4 | 5 | 6 |
| | 培訓 | 帶薪培訓 | 公司本年度組織員工培訓費用支出 | 1 | 2 | 3 | 4 | 5 | 6 |
| | | 學歷程度 | 公司高學歷員工所占比例（碩士以上） | 1 | 2 | 3 | 4 | 5 | 6 |
| | 員工穩定性 | 員工流失率 | 公司本年度員工離職率/年平均人數 | 1 | 2 | 3 | 4 | 5 | 6 |
| | | 員工工齡 | 公司員工在本公司的平均工齡 | 1 | 2 | 3 | 4 | 5 | 6 |
| | 職業發展 | 員工薪酬增長率 | (本年度員工薪酬-上年度員工薪酬)/上年度員工薪酬 | 1 | 2 | 3 | 4 | 5 | 6 |
| | | 員工升職率 | 公司本年度員工職位晉升數/年平均人數 | 1 | 2 | 3 | 4 | 5 | 6 |

附表1(續)

| 維度 | 項目 | 指標 | 指標定義及計量方式 | 完全不重要 | 不重要 | 有點不重要 | 有點重要 | 重要 | 非常重要 |
|---|---|---|---|---|---|---|---|---|---|
| 公司治理信息 | 股權結構 | 股權集中度 | 第一大股東持股比例 | 1 | 2 | 3 | 4 | 5 | 6 |
| | | 股權制衡 | 第二至第五大股東持股比例之和與第一大股東持股比例之比 | 1 | 2 | 3 | 4 | 5 | 6 |
| | | 擁有母公司 | 擁有母公司為1，否則為0 | 1 | 2 | 3 | 4 | 5 | 6 |
| | | 機構投資者 | 機構投資者持股比率 | 1 | 2 | 3 | 4 | 5 | 6 |
| | 控股股東 | 控股股東擔保金額 | 公司為控股股東擔保金額 | 1 | 2 | 3 | 4 | 5 | 6 |
| | | 控股股東占用資金 | 控股股東占用公司的資金 | 1 | 2 | 3 | 4 | 5 | 6 |
| | 董事會 | 獨立董事比例 | 獨立董事占董事會人員比例 | 1 | 2 | 3 | 4 | 5 | 6 |
| | | 專業委員會個數 | 各專業委員會設立情況，設立為1，否則為0 | 1 | 2 | 3 | 4 | 5 | 6 |
| | 監事會 | 獨立監事比例 | 獨立監事占監事人員比例 | 1 | 2 | 3 | 4 | 5 | 6 |
| | | 監事會召開次數 | 年度監事會召開次數 | 1 | 2 | 3 | 4 | 5 | 6 |
| | 管理層 | 兩職合一 | 董事長和總經理為同一人為0，否則為1 | 1 | 2 | 3 | 4 | 5 | 6 |
| | 其他信息 | 高管人員的薪酬 | 各高管的薪酬 | 1 | 2 | 3 | 4 | 5 | 6 |

如果您有任何寶貴建議，請在此不吝賜教：

(二) 背景資料，請您用黃色熒光標註對應選項

1. 性別：①男　②女
2. 年齡：①30歲及以下　②31~40歲　③41~50歲　④51歲及以上
3. 工作年限：①5年及以下　②6~10年　③11~20年　④20年以上
4. 工作領域：①非經濟金融會計其他經管類　②經濟金融類　③財務會計類　④其他
5. 職稱：①正高級　①副高級　③中級　④初級
6. 學歷：①博士研究生　②碩士研究生　③本科　④專科及以下

# 附錄2　中國企業綜合報告指標體系信息使用者和發布者調查問卷

尊敬的先生/女士：

您好！

我是××大學在讀博士研究生，目前承擔課題「中國企業綜合報告指標體系構建」的研究任務。本課題經過前期文獻收集、整理工作，已進入實地調研階段，第一階段開展了專家學者對指標的設置及重要性的調查論證工作。為保證研究結論具有實現有效性的目標，迫切需要進行第二階段調查即信息發布者及使用者調查，希望得到您的支持與合作。

綜合報告是創新企業財務管理的重要組成部分，激發企業商業模式的活力，增加透明度，有效向社會傳達價值創造的過程，以此更好地與社會各行業互動，促進企業長期的可持續發展。無論是從國際和國內層面，還是從理論和實踐的發展層面，企業綜合報告這一新型的報告模式都是經濟和會計領域中的研究重點，將對企業報告模式形成巨大衝擊。一方面，目前企業綜合報告的發展還處於探索階段，國內外對綜合報告尚未有一個統一的定義，也少有研究深入探討綜合報告的內涵與外延，尤其中國還停留在非財務報告的發展階段，對綜合報告的研究與實踐還很缺乏。另一方面，目前對綜合報告的研究大多停留在理論框架上，尚未有具體的編製指南或規範指導企業如何編製綜合報告，使得綜合報告模式難以推廣，綜合報告涵蓋內容在不同企業間差異較大，難以比較。因此，本研究嘗試從理論和實證兩個方面，借鑒國際上綜合報告的實踐經驗，擬通過問卷調查取得第一手資料，為建立適合新形勢下中國企業的綜合報告指標體系奠定基礎。

作為工作在綜合報告編製一線的信息發布者，以及需要進行股票投資的信息使用者，您多年工作及投資的經驗和智慧的建議，將是我進行該項研究的基礎和寶貴財富，請您撥冗填寫調查問卷。就構建中國企業綜合報告指標體系重要程度，分別以綜合報告供應方（信息發布者）及綜合報告需求方（信息使

用者）的角度，就重要程度打分（1＝「完全不重要」，……，6＝「非常重要」，數字越大表示重要程度越高）。如是企業中高層經理填此問卷，還請多填兩欄信息發布的可能性（1＝「可能發布」，0＝「不能發布」）。

我們鄭重承諾：調查涉及的全部資料僅供學術研究之用，決不私自挪作他用，對您所填寫的一切內容，將絕對保密。如您需要，我們願意將最終研究成果反饋給您，以期能為提高中國企業可持續發展綜合報告信息價值提供有益借鑑！

非常感謝您抽出寶貴的時間參與問卷調查！

（一）主體問卷：請您站在客觀的立場，根據您的專業判斷「中企業綜合報告指標體系構建研究」重要程度，分別從綜合報告供應方（信息發布者）或綜合報告需求方（信息使用者）的角度就重要程度打分（1＝「完全不重要」，……，6＝「非常重要」，數字越大表示重要程度越高）。如是企業中高層經理填此問卷，還請多填兩欄信息發布的可能性（1＝「可能發布」，0＝「不能發布」）。調查問卷信息見附表2—附表6。

附表2　企業綜合報告財務信息指標調查情況

| 指標 | 指標定義及計量方式 | 可能發布 | 不能發布 | 完全不重要 | 不重要 | 有點不重要 | 有點重要 | 重要 | 非常重要 |
|---|---|---|---|---|---|---|---|---|---|
| 總資產 | 報告期資產負債表中的總資產項目 | 1 | 0 | 1 | 2 | 3 | 4 | 5 | 6 |
| 所有者權益 | 報告期資產負債表中的所有者權益項目 | 1 | 0 | 1 | 2 | 3 | 4 | 5 | 6 |
| 總負債 | 報告期資產負債表中的項目 | 1 | 0 | 1 | 2 | 3 | 4 | 5 | 6 |
| 淨利潤 | 報告期利潤表中的淨利潤項目 | 1 | 0 | 1 | 2 | 3 | 4 | 5 | 6 |
| 淨資產收益率 | 報告期期末淨利潤/期末淨資產 | 1 | 0 | 1 | 2 | 3 | 4 | 5 | 6 |
| 主營業務收入 | 報告期利潤表中的主營業務收入項目 | 1 | 0 | 1 | 2 | 3 | 4 | 5 | 6 |
| 現金及現金等價物淨增加額 | 對應現金流量表中現金及現金等價物淨增加額項目 | 1 | 0 | 1 | 2 | 3 | 4 | 5 | 6 |
| 經營活動產生的現金流量淨額 | 對應現金流量表中經營活動產生的現金流量淨額項目 | 1 | 0 | 1 | 2 | 3 | 4 | 5 | 6 |

附表2(續)

| 指標 | 指標定義及計量方式 | 可能發布 | 不能發布 | 完全不重要 | 不重要 | 有點不重要 | 有點重要 | 重要 | 非常重要 |
|---|---|---|---|---|---|---|---|---|---|
| 投資活動產生的現金流量淨額 | 對應現金流量表中投資活動產生的現金流量淨額項目 | 1 | 0 | 1 | 2 | 3 | 4 | 5 | 6 |
| 籌資活動產生的現金流量淨額 | 對應現金流量表中籌資活動產生的現金流量淨額項目 | 1 | 0 | 1 | 2 | 3 | 4 | 5 | 6 |
| 每股收益 | 淨利潤/總股數 | 1 | 0 | 1 | 2 | 3 | 4 | 5 | 6 |
| 每股自由現金流量 | 每股自由現金流量/總股數 | 1 | 0 | 1 | 2 | 3 | 4 | 5 | 6 |

附表3 企業綜合報告環保信息指標調查情況

| 指標 | 指標定義及計量方式 | 可能發布 | 不能發布 | 完全不重要 | 不重要 | 有點不重要 | 有點重要 | 重要 | 非常可行 |
|---|---|---|---|---|---|---|---|---|---|
| 「三廢」排放 | 處理各種廢水、廢氣、廢物所支付的金額 | 1 | 0 | 1 | 2 | 3 | 4 | 5 | 6 |
| 二氧化碳減排量 | 企業在生產、營運活動中減少的碳排放量，按標準計量 | 1 | 0 | 1 | 2 | 3 | 4 | 5 | 6 |
| 能源消耗量 | 統計報告期內企業實際消費能源的能量總量 | 1 | 0 | 1 | 2 | 3 | 4 | 5 | 6 |
| 單位耗量 | 單位產品各能源的消耗量 | 1 | 0 | 1 | 2 | 3 | 4 | 5 | 6 |
| 萬元產值綜合能耗 | 能源消費量除以企業創造新增價值和固定資產轉移價值 | 1 | 0 | 1 | 2 | 3 | 4 | 5 | 6 |
| 「三廢」排放 | 處理各種廢水、廢氣、廢物所支付的金額 | 1 | 0 | 1 | 2 | 3 | 4 | 5 | 6 |
| 環保投資額 | 企業本年度投入環境保護的金額 | 1 | 0 | 1 | 2 | 3 | 4 | 5 | 6 |
| 研發綠色環保產品支出 | 研發各綠色環保產品的支出 | 1 | 0 | 1 | 2 | 3 | 4 | 5 | 6 |

附表3(續)

| 指標 | 指標定義及計量方式 | 可能發布 | 不能發布 | 完全不重要 | 不重要 | 有點不重要 | 有點重要 | 重要 | 非常可行 |
|---|---|---|---|---|---|---|---|---|---|
| 綠色環保產品產值 | 以貨幣表現的工業企業在報告期內生產的綠色環保產品總量 | 1 | 0 | 1 | 2 | 3 | 4 | 5 | 6 |
| 環保活動捐贈 | 報告期內對環保類型公益活動的捐贈 | 1 | 0 | 1 | 2 | 3 | 4 | 5 | 6 |

### 附表4 企業綜合報告社會關係信息指標調查情況

| 指標 | 指標定義及計量方式 | 可能發布 | 不能發布 | 完全不重要 | 不重要 | 有點不重要 | 有點重要 | 重要 | 非常可行 |
|---|---|---|---|---|---|---|---|---|---|
| 股東社會背景 | 股東在社會任職情況,有其他社會職務為1,否則為0 | 1 | 0 | 1 | 2 | 3 | 4 | 5 | 6 |
| 董事社會背景 | 董事在社會任職情況,有其他社會職務為1,否則為0 | 1 | 0 | 1 | 2 | 3 | 4 | 5 | 6 |
| 償債情況 | 本年度共償還債務本息 | 1 | 0 | 1 | 2 | 3 | 4 | 5 | 6 |
| 與銀行合作情況 | 截至報告期末本公司擁有的固定合作銀行家數 | 1 | 0 | 1 | 2 | 3 | 4 | 5 | 6 |
| 與政府合作情況 | 截至報告期末本公司與政府合作情況,有為1,否則為0 | 1 | 0 | 1 | 2 | 3 | 4 | 5 | 6 |
| 對政府履行的納稅責任 | 公司本年度各項稅費繳納 | 1 | 0 | 1 | 2 | 3 | 4 | 5 | 6 |
| 與行業協會的關係 | 截至報告期末本公司與行業的合作情況,有為1,否則為0 | 1 | 0 | 1 | 2 | 3 | 4 | 5 | 6 |
| 供應商關係及管理 | 截至本年底公司擁有固定合作夥伴的家數 | 1 | 0 | 1 | 2 | 3 | 4 | 5 | 6 |
| 產品及服務質量 | 公司本年度用於技術改造及提高產品質量的支出 | 1 | 0 | 1 | 2 | 3 | 4 | 5 | 6 |
| 市場佔有率 | 市場佔有率=產品銷量/產品市場總量 | 1 | 0 | 1 | 2 | 3 | 4 | 5 | 6 |
| 慈善捐贈 | 公司本年度各項慈善捐贈支出 | 1 | 0 | 1 | 2 | 3 | 4 | 5 | 6 |

### 附表5　企業綜合報告人力資源信息指標調查情況

| 指標 | 指標定義及計量方式 | 可能發布 | 不能發布 | 完全不重要 | 不重要 | 有點不重要 | 有點重要 | 重要 | 非常可行 |
|---|---|---|---|---|---|---|---|---|---|
| 員工薪酬 | 公司本年度員工薪酬的總額 | 1 | 0 | 1 | 2 | 3 | 4 | 5 | 6 |
| 員工合法權益 | 公司為員工所繳納法律規定個人支出 | 1 | 0 | 1 | 2 | 3 | 4 | 5 | 6 |
| 勞保支出 | 公司本年度人均勞保費用支出 | 1 | 0 | 1 | 2 | 3 | 4 | 5 | 6 |
| 帶薪培訓 | 公司本年度組織員工培訓費用支出 | 1 | 0 | 1 | 2 | 3 | 4 | 5 | 6 |
| 學歷程度 | 公司高學歷員工所占比例（碩士以上） | 1 | 0 | 1 | 2 | 3 | 4 | 5 | 6 |
| 員工流失率 | 公司本年度員工離職率 | 1 | 0 | 1 | 2 | 3 | 4 | 5 | 6 |
| 員工工齡 | 公司員工在本公司的平均工齡 | 1 | 0 | 1 | 2 | 3 | 4 | 5 | 6 |
| 員工薪酬增長率 | 公司本年度員工薪酬的增長幅度 | 1 | 0 | 1 | 2 | 3 | 4 | 5 | 6 |
| 員工升職率 | 公司本年度員工職位晉升比例 | 1 | 0 | 1 | 2 | 3 | 4 | 5 | 6 |

### 附表6　企業綜合報告中治理類指標調查情況

| 指標 | 指標定義及計量方式 | 可能發布 | 不能發布 | 完全不重要 | 不重要 | 有點不重要 | 有點重要 | 重要 | 非常重要 |
|---|---|---|---|---|---|---|---|---|---|
| 股權集中 | 第一大股東持股比例 | 1 | 0 | 1 | 2 | 3 | 4 | 5 | 6 |
| 股權制衡 | 第二至第五大股東持股比例之和與第一大股東持股比例之比 | 1 | 0 | 1 | 2 | 3 | 4 | 5 | 6 |
| 控股股東擔保金額 | 公司為控股股東擔保金額 | 1 | 0 | 1 | 2 | 3 | 4 | 5 | 6 |
| 控股股東占用資金 | 控股股東占用公司的資金 | 1 | 0 | 1 | 2 | 3 | 4 | 5 | 6 |
| 獨立董事比例 | 獨立董事占董事會人員比例 | 1 | 0 | 1 | 2 | 3 | 4 | 5 | 6 |
| 專業委員會個數 | 各專業委員會設立情況，設立為1，否則為0 | 1 | 0 | 1 | 2 | 3 | 4 | 5 | 6 |

附表6(續)

| 指標 | 指標定義及計量方式 | 可能發布 | 不能發布 | 完全不重要 | 不重要 | 有點不重要 | 有點重要 | 重要 | 非常重要 |
|---|---|---|---|---|---|---|---|---|---|
| 獨立監事比例 | 獨立監事占監事會人員比例 | 1 | 0 | 1 | 2 | 3 | 4 | 5 | 6 |
| 監事會召開次數 | 年度監事會次數 | 1 | 0 | 1 | 2 | 3 | 4 | 5 | 6 |
| 兩職合一 | 董事長和總經理為同一人為0，否則為1 | 1 | 0 | 1 | 2 | 3 | 4 | 5 | 6 |
| 高管人員的薪酬 | 各高管的薪酬 | 1 | 0 | 1 | 2 | 3 | 4 | 5 | 6 |

(二) 背景資料，請您用黃色熒光標註對應選項。

1. 性別：①男　②女
2. 年齡：①30歲及以下　②31~40歲　③41~50歲　④51歲及以上
3. 工作年限：①5年及以下　②6~10年　③11~20年　④20年以上
4. 從事行業：①機關單位　②企業　③事業　④其他
5. 職稱：①正高級　①副高級　③中級　④初級
6. 學歷：①博士研究生　②碩士研究生　③本科　④專科及以下

# 附錄3　企業價值影響因素調查問卷

尊敬的先生/女士：

您好！非常感謝您能抽出寶貴的時間協助我們完成本次問卷調查。我們鄭重承諾：調查涉及的全部資料僅供學術研究之用，決不私自挪作他用，對您所填寫的所有信息，將嚴格保密。

1. 問卷調查說明

本次問卷調查的目的是研究綜合報告指標體系框架的整體目標，即實現企業價值最大化的相對重要性，而整體目標與原則特性之間，原則與維度之間有著內在邏輯關係，為確定各原則及各維度因素在影響企業價值中的相對重要性。以下已經列出我們經過資料分析得到的企業價值影響因素，請各位專家給出意見。您的意見對幫助我們準確地評價綜合報告指標體系框架整體目標的相對重要性有著重要的意義。

2. 問卷正文

說明：本次問卷主要通過原則及維度間的對比劃分您認為的重要程度。依據您的看法在相應的位置打√。

例：對於A原則和B原則的比較，如果您認為A與B相比很重要，請在很重要處打√；如果您認為兩者同等重要，就在同等重要處打√。如附表7所示。

附表7　問卷填寫示例

| 極重要 | 非常重要 | 很重要 | 較重要 | 同等重要 | 較不重要 | 很不重要 | 非常不重 | 極不重要 |
|---|---|---|---|---|---|---|---|---|
|  |  | √ |  | √ |  |  |  |  |

第一部分：決策原則性比較評價。決策原則性比較評價見附表 8。

附表 8　決策原則性比較評價

| 原則比較 | 極端重要 | 非常重要 | 很重要 | 較重要 | 同等重要 | 較不重要 | 很不重要 | 非常不重要 | 極端不重要 |
|---|---|---|---|---|---|---|---|---|---|
| 整合性與相關性 | | | | | | | | | |
| 整合性與可比性 | | | | | | | | | |
| 整合性與可靠性 | | | | | | | | | |
| 整合性與系統性 | | | | | | | | | |
| 相關性與可比性 | | | | | | | | | |
| 相關性與可靠性 | | | | | | | | | |
| 相關性與系統性 | | | | | | | | | |
| 可比性與可靠性 | | | | | | | | | |
| 可比性與系統性 | | | | | | | | | |
| 可靠性與系統性 | | | | | | | | | |

第二部分：各原則下的維度比較評價

在整合性原則下，對附表 9 中的指標，進行兩兩比較。

附表 9　在整合性原則下進行指標兩兩比較

| 整合性 | 極端重要 | 非常重要 | 很重要 | 較重要 | 同等重要 | 較不重要 | 很不重要 | 非常不重要 | 極端不重要 |
|---|---|---|---|---|---|---|---|---|---|
| 財務信息與環境信息 | | | | | | | | | |
| 財務信息與社會關係信息 | | | | | | | | | |
| 財務信息與人力資源信息 | | | | | | | | | |
| 財務信息與公司治理信息 | | | | | | | | | |
| 環境信息與社會關係信息 | | | | | | | | | |

附表9(續)

| 整合性 | 極端重要 | 非常重要 | 很重要 | 較重要 | 同等重要 | 較不重要 | 很不重要 | 非常不重要 | 極端不重要 |
|---|---|---|---|---|---|---|---|---|---|
| 環境信息與人力資源信息 | | | | | | | | | |
| 環境信息與公司治理信息 | | | | | | | | | |
| 社會關係信息與人力資源信息 | | | | | | | | | |
| 社會關係信息與公司治理信息 | | | | | | | | | |
| 人力資源信息與公司治理信息 | | | | | | | | | |

2. 在相關性原則下，對附表10中的指標進行兩兩比較。

附表10 在相關性原則下進行指標的兩兩比較

| 相關性 | 極端重要 | 非常重要 | 很重要 | 較重要 | 同等重要 | 較不重要 | 很不重要 | 非常不重要 | 極端不重要 |
|---|---|---|---|---|---|---|---|---|---|
| 財務信息與環境信息 | | | | | | | | | |
| 財務信息與社會關係信息 | | | | | | | | | |
| 財務信息與人力資源信息 | | | | | | | | | |
| 財務信息與公司治理信息 | | | | | | | | | |
| 環境信息與社會關係信息 | | | | | | | | | |
| 環境信息與人力資源信息 | | | | | | | | | |
| 環境信息與公司治理信息 | | | | | | | | | |
| 社會關係信息與人力資源信息 | | | | | | | | | |

附表10(續)

| 相關性 | 極端重要 | 非常重要 | 很重要 | 較重要 | 同等重要 | 較不重要 | 很不重要 | 非常不重要 | 極端不重要 |
|---|---|---|---|---|---|---|---|---|---|
| 社會關係信息與公司治理信息 | | | | | | | | | |
| 人力資源信息與公司治理信息 | | | | | | | | | |

3. 在可比性原則下，對附表11中的指標進行兩兩比較。

附表11 在可比性原則下進行指標的兩兩比較

| 可比性 | 極端重要 | 非常重要 | 很重要 | 較重要 | 同等重要 | 較不重要 | 很不重要 | 非常不重要 | 極端不重要 |
|---|---|---|---|---|---|---|---|---|---|
| 財務信息與環境信息 | | | | | | | | | |
| 財務信息與社會關係信息 | | | | | | | | | |
| 財務信息與人力資源信息 | | | | | | | | | |
| 財務信息與公司治理信息 | | | | | | | | | |
| 環境信息與社會關係信息 | | | | | | | | | |
| 環境信息與人力資源信息 | | | | | | | | | |
| 環境信息與公司治理信息 | | | | | | | | | |
| 社會關係信息與人力資源信息 | | | | | | | | | |
| 社會關係信息與公司治理信息 | | | | | | | | | |
| 人力資源信息與公司治理信息 | | | | | | | | | |

4. 在可靠性原則下，對附表 12 中的指標進行兩兩比較。

**附表 12　在可靠性原則下進行指標的兩兩比較**

| 可靠性 | 極端重要 | 非常重要 | 很重要 | 較重要 | 同等重要 | 較不重要 | 很不重要 | 非常不重要 | 極端不重要 |
|---|---|---|---|---|---|---|---|---|---|
| 財務信息與環境信息 | | | | | | | | | |
| 財務信息與社會關係信息 | | | | | | | | | |
| 財務信息與人力資源信息 | | | | | | | | | |
| 財務信息與公司治理信息 | | | | | | | | | |
| 環境信息與社會關係信息 | | | | | | | | | |
| 環境信息與人力資源信息 | | | | | | | | | |
| 環境信息與公司治理信息 | | | | | | | | | |
| 社會關係信息與人力資源信息 | | | | | | | | | |
| 社會關係信息與公司治理信息 | | | | | | | | | |
| 人力資源信息與公司治理信息 | | | | | | | | | |

5. 在系統性原則下，對附表 13 中的指標進行兩兩比較。

**附表 13　在系統性原則下進行指標的兩兩比較**

| 系統性 | 極端重要 | 非常重要 | 很重要 | 較重要 | 同等重要 | 較不重要 | 很不重要 | 非常不重要 | 極端不重要 |
|---|---|---|---|---|---|---|---|---|---|
| 財務信息與環境信息 | | | | | | | | | |
| 財務信息與社會關係信息 | | | | | | | | | |

附表13(續)

| 系統性 | 極端重要 | 非常重要 | 很重要 | 較重要 | 同等重要 | 較不重要 | 很不重要 | 非常不重要 | 極端不重要 |
|---|---|---|---|---|---|---|---|---|---|
| 財務信息與人力資源信息 | | | | | | | | | |
| 財務信息與公司治理信息 | | | | | | | | | |
| 環境信息與社會關係信息 | | | | | | | | | |
| 環境信息與人力資源信息 | | | | | | | | | |
| 環境信息與公司治理信息 | | | | | | | | | |
| 社會關係信息與人力資源信息 | | | | | | | | | |
| 社會關係信息與公司治理信息 | | | | | | | | | |
| 人力資源信息與公司治理信息 | | | | | | | | | |

如果您有任何寶貴建議，請在此不吝賜教：

感謝您的合作！

# 附錄4 效度檢驗(60個指標) 特徵值提取因子總方差情況表

60個指標的效度檢驗特徵值提取因子總方差如附表14所示。

附表14 效度檢驗(60個指標) 特徵值提取因子總方差情況表

| 成分 | 初始特徵值 合計 | 方差/% | 累積/% | 提取平方和載入 合計 | 方差/% | 累積/% |
| --- | --- | --- | --- | --- | --- | --- |
| 1 | 13.214 | 21.023 | 21.023 | 13.214 | 21.023 | 21.023 |
| 2 | 10.259 | 18.765 | 39.788 | 10.259 | 18.765 | 39.788 |
| 3 | 4.224 | 7.373 | 47.161 | 4.224 | 7.373 | 47.161 |
| 4 | 3.42 | 5.034 | 52.195 | 3.42 | 5.034 | 52.195 |
| 5 | 3.188 | 4.647 | 56.842 | 3.188 | 4.647 | 56.842 |
| 6 | 2.071 | 4.452 | 61.294 | 2.071 | 4.452 | 61.294 |
| 7 | 1.931 | 3.218 | 64.512 | 1.931 | 3.218 | 64.512 |
| 8 | 1.693 | 3.126 | 67.638 | 1.693 | 3.126 | 67.638 |
| 9 | 1.476 | 2.96 | 70.598 | 1.476 | 2.96 | 70.598 |
| 10 | 1.153 | 2.588 | 73.186 | 1.153 | 2.588 | 73.186 |
| 11 | 1.014 | 2.523 | 75.709 | 1.014 | 2.523 | 75.709 |
| 12 | 0.961 | 1.502 | 77.211 | | | |
| 13 | 0.930 | 1.449 | 78.660 | | | |
| 14 | 0.816 | 1.259 | 79.919 | | | |
| 15 | 0.807 | 1.244 | 81.163 | | | |
| 16 | 0.781 | 1.203 | 82.366 | | | |
| 17 | 0.738 | 1.129 | 83.495 | | | |

附表14(續)

| 成分 | 初始特徵值 |  |  | 提取平方和載入 |  |  |
|---|---|---|---|---|---|---|
|  | 合計 | 方差/% | 累積/% | 合計 | 方差/% | 累積/% |
| 18 | 0.693 | 1.054 | 84.549 |  |  |  |
| 19 | 0.653 | 0.968 | 85.517 |  |  |  |
| 20 | 0.634 | 0.937 | 86.454 |  |  |  |
| 21 | 0.620 | 0.914 | 87.368 |  |  |  |
| 22 | 0.548 | 0.854 | 88.222 |  |  |  |
| 23 | 0.531 | 0.835 | 89.057 |  |  |  |
| 24 | 0.502 | 0.774 | 89.831 |  |  |  |
| 25 | 0.460 | 0.747 | 90.578 |  |  |  |
| 26 | 0.445 | 0.692 | 91.270 |  |  |  |
| 27 | 0.400 | 0.647 | 91.916 |  |  |  |
| 28 | 0.383 | 0.619 | 92.535 |  |  |  |
| 29 | 0.364 | 0.587 | 93.121 |  |  |  |
| 30 | 0.351 | 0.565 | 93.687 |  |  |  |
| 31 | 0.322 | 0.516 | 94.203 |  |  |  |
| 32 | 0.306 | 0.490 | 94.692 |  |  |  |
| 33 | 0.293 | 0.468 | 95.161 |  |  |  |
| 34 | 0.264 | 0.421 | 95.581 |  |  |  |
| 35 | 0.241 | 0.382 | 95.964 |  |  |  |
| 36 | 0.227 | 0.359 | 96.323 |  |  |  |
| 37 | 0.219 | 0.335 | 96.657 |  |  |  |
| 38 | 0.209 | 0.309 | 96.966 |  |  |  |
| 39 | 0.188 | 0.293 | 97.259 |  |  |  |
| 40 | 0.176 | 0.273 | 97.532 |  |  |  |
| 41 | 0.171 | 0.265 | 97.797 |  |  |  |
| 42 | 0.151 | 0.232 | 98.029 |  |  |  |
| 43 | 0.148 | 0.226 | 98.255 |  |  |  |

附表14(續)

| 成分 | 初始特徵值 |  |  | 提取平方和載入 |  |  |
|---|---|---|---|---|---|---|
|  | 合計 | 方差/% | 累積/% | 合計 | 方差/% | 累積/% |
| 44 | 0.140 | 0.204 | 98.459 |  |  |  |
| 45 | 0.135 | 0.185 | 98.643 |  |  |  |
| 46 | 0.117 | 0.174 | 98.817 |  |  |  |
| 47 | 0.102 | 0.151 | 98.968 |  |  |  |
| 48 | 0.094 | 0.138 | 99.106 |  |  |  |
| 49 | 0.079 | 0.111 | 99.217 |  |  |  |
| 50 | 0.075 | 0.106 | 99.323 |  |  |  |
| 51 | 0.061 | 0.102 | 99.425 |  |  |  |
| 52 | 0.058 | 0.097 | 99.522 |  |  |  |
| 53 | 0.055 | 0.093 | 99.615 |  |  |  |
| 54 | 0.047 | 0.079 | 99.694 |  |  |  |
| 55 | 0.044 | 0.074 | 99.767 |  |  |  |
| 56 | 0.040 | 0.068 | 99.835 |  |  |  |
| 57 | 0.033 | 0.055 | 99.890 |  |  |  |
| 58 | 0.028 | 0.047 | 99.937 |  |  |  |
| 59 | 0.022 | 0.036 | 99.973 |  |  |  |
| 60 | 0.016 | 0.027 | 100.000 |  |  |  |

提取方法：主成分分析。

# 附錄 5　效度檢驗（52 個指標）特徵值提取因子總方差情況表

52 個指標的效度檢驗特徵值提取因子總方差如附表 15 所示。

附表 15　效度檢驗（52 個指標）特徵值提取因子總方差情況表

| 成分 | 初始特徵值 合計 | 方差/% | 累積/% | 提取平方和載入 合計 | 方差/% | 累積/% |
|---|---|---|---|---|---|---|
| 1  | 14.827 | 22.745 | 22.745 | 14.827 | 22.745 | 22.745 |
| 2  | 11.316 | 17.377 | 40.122 | 11.316 | 17.377 | 40.122 |
| 3  | 4.795  | 8.144  | 48.266 | 4.795  | 8.144  | 48.266 |
| 4  | 2.536  | 4.876  | 53.142 | 2.536  | 4.876  | 53.142 |
| 5  | 1.672  | 3.892  | 57.034 | 1.672  | 3.892  | 57.034 |
| 6  | 1.492  | 3.749  | 60.783 | 1.492  | 3.749  | 60.783 |
| 7  | 1.423  | 3.544  | 64.327 | 1.423  | 3.544  | 64.327 |
| 8  | 1.411  | 3.29   | 67.617 | 1.411  | 3.29   | 67.617 |
| 9  | 1.177  | 3.033  | 70.65  | 1.177  | 3.033  | 70.65  |
| 10 | 1.082  | 2.85   | 73.5   | 1.082  | 2.85   | 73.5   |
| 11 | 0.902  | 1.758  | 75.258 |        |        |        |
| 12 | 0.876  | 1.681  | 76.939 |        |        |        |
| 13 | 0.864  | 1.571  | 78.510 |        |        |        |
| 14 | 0.823  | 1.492  | 80.002 |        |        |        |
| 15 | 0.781  | 1.409  | 81.411 |        |        |        |
| 16 | 0.765  | 1.289  | 82.700 |        |        |        |
| 17 | 0.745  | 1.251  | 83.951 |        |        |        |

附表15(續)

| 成分 | 初始特徵值 合計 | 初始特徵值 方差/% | 初始特徵值 累積/% | 提取平方和載入 合計 | 提取平方和載入 方差/% | 提取平方和載入 累積/% |
|---|---|---|---|---|---|---|
| 18 | 0.699 | 1.162 | 85.113 | | | |
| 19 | 0.688 | 1.151 | 86.264 | | | |
| 20 | 0.637 | 0.923 | 87.187 | | | |
| 21 | 0.573 | 0.870 | 88.057 | | | |
| 22 | 0.562 | 0.835 | 88.892 | | | |
| 23 | 0.476 | 0.765 | 89.657 | | | |
| 24 | 0.446 | 0.725 | 90.382 | | | |
| 25 | 0.363 | 0.691 | 91.073 | | | |
| 26 | 0.356 | 0.666 | 91.739 | | | |
| 27 | 0.339 | 0.624 | 92.363 | | | |
| 28 | 0.311 | 0.599 | 92.962 | | | |
| 29 | 0.305 | 0.587 | 93.549 | | | |
| 30 | 0.295 | 0.556 | 94.105 | | | |
| 31 | 0.283 | 0.508 | 94.613 | | | |
| 32 | 0.260 | 0.499 | 95.111 | | | |
| 33 | 0.247 | 0.485 | 95.597 | | | |
| 34 | 0.245 | 0.470 | 96.067 | | | |
| 35 | 0.214 | 0.413 | 96.479 | | | |
| 36 | 0.212 | 0.408 | 96.888 | | | |
| 37 | 0.187 | 0.359 | 97.247 | | | |
| 38 | 0.171 | 0.328 | 97.575 | | | |
| 39 | 0.152 | 0.293 | 97.868 | | | |
| 40 | 0.146 | 0.281 | 98.149 | | | |
| 41 | 0.134 | 0.257 | 98.407 | | | |
| 42 | 0.124 | 0.237 | 98.644 | | | |
| 43 | 0.117 | 0.225 | 98.869 | | | |

附表15(續)

| 成分 | 初始特徵值 |  |  | 提取平方和載入 |  |  |
|---|---|---|---|---|---|---|
|  | 合計 | 方差/% | 累積/% | 合計 | 方差/% | 累積/% |
| 44 | 0.114 | 0.219 | 99.088 |  |  |  |
| 45 | 0.093 | 0.199 | 99.287 |  |  |  |
| 46 | 0.081 | 0.176 | 99.463 |  |  |  |
| 47 | 0.074 | 0.153 | 99.616 |  |  |  |
| 48 | 0.061 | 0.117 | 99.733 |  |  |  |
| 49 | 0.050 | 0.096 | 99.830 |  |  |  |
| 50 | 0.046 | 0.089 | 99.918 |  |  |  |
| 51 | 0.040 | 0.078 | 99.996 |  |  |  |
| 52 | 0.002 | 0.004 | 100.000 |  |  |  |

提取方法：主成分分析。

# 中國企業綜合報告指標體系構建研究

| 作　者：李妍錦 著 | **國家圖書館出版品預行編目資料** |
|---|---|
| 發 行 人：黃振庭 | 中國企業綜合報告指標體系構建研究 / 李妍錦著 . -- 第一版 . -- 臺北市：財經錢線文化事業有限公司, 2020.11 |
| 出 版 者：財經錢線文化事業有限公司 | 　面；　公分 |
| 發 行 者：財經錢線文化事業有限公司 | POD 版 |
| E - m a i l：sonbookservice@gmail.com | ISBN 978-957-680-483-0( 平裝 ) |
| 粉 絲 頁：https://www.facebook.com/sonbookss/ | 1. 企業管理 2. 中國 |
| 網　　址：https://sonbook.net/ | 494　　　109016912 |
| 地　　址：台北市中正區重慶南路一段六十一號八樓 815 室 | |

Rm. 815, 8F., No.61, Sec. 1, Chongqing S. Rd., Zhongzheng Dist., Taipei City 100, Taiwan (R.O.C)

電　　話：(02)2370-3310
傳　　真：(02) 2388-1990
總 經 銷：紅螞蟻圖書有限公司
地　　址：台北市內湖區舊宗路二段 121 巷 19 號
電　　話：02-2795-3656
傳　　真：02-2795-4100
印　　刷：京峯彩色印刷有限公司（京峰數位）

官網

臉書

- 版權聲明 -

本書版權為西南財經大學出版社所有授權崧博出版事業有限公司獨家發行電子書及繁體書繁體字版。若有其他相關權利及授權需求請與本公司聯繫。

定　　價：430 元
發行日期：2020 年 11 月第一版
◎本書以 POD 印製

# 提升實力 ONE STEP GO-AHED

## 會計人員提升成本會計實戰能力

### 透過 Excel 進行成本結算定序的實用工具

您有看過成本會計理論，卻不知道如何實務應用嗎？

您知道如何依產品製程順序，由低階製程至高階製程採堆疊累加方式計算產品成本？

【成本結算工具軟體】是一套輕巧易學的成本會計實務工具，搭配既有的 Excel 資料表，透過軟體設定的定序工具，使成本結轉由低製程向高製程堆疊累加。《結構順序》由本工具軟體賦予，讓您容易依既定《結轉順序》計算產品成本，輕鬆完成當期檔案編製、產生報表、完成結帳分錄。

【成本結算工具軟體】試用版免費下載：http://cosd.com.tw/

訂購資訊：

成本資訊企業社 統編 01586521

EL 03-4774236 手機 0975166923　游先生

EMAIL y4081992@gmail.com